乡村振兴系列丛书

# 乡村景观生态资源升级保护与合理开发

范洲衡
邓　华
陈海林
等
编著

中国林业出版社

**图书在版编目(CIP)数据**

乡村景观生态资源升级保护与合理开发 / 范洲衡等编著.
--北京：中国林业出版社，2019.10
(乡村振兴系列丛书)
ISBN 978-7-5219-0365-2

Ⅰ.①乡… Ⅱ.①范… Ⅲ.①乡村-景观生态环境-研究-中国 Ⅳ.①X21

中国版本图书馆 CIP 数据核字(2019)第 274636 号

课程信息

**中国林业出版社**

策划编辑：吴 卉
责任编辑：张 佳 孙源璞
电　　话：010-83143561

出版发行 中国林业出版社
邮　　编 100009
地　　址 北京市西城区德内大街刘海胡同 7 号
印　　刷 河北京平诚乾印刷有限公司
版　　次 2019 年 10 月第 1 版
印　　次 2019 年 10 月第 1 次
字　　数 219 千字
开　　本 787mm×1092mm 1/16
印　　张 9.5
定　　价 55.00 元

# 序

党的十九大报告提出实施乡村振兴战略，是以习近平同志为核心的党中央着眼党和国家事业全局，对“三农”工作作出的重大决策部署，是决胜全面建成小康社会的重大历史任务，是新时代做好“三农”工作的总抓手。

2018 年 1 月，中共中央国务院出台的《关于实施乡村振兴战略的意见》提出了“产业兴旺、生态宜居、乡风文明、治理有效、生活富裕、摆脱贫困”总要求。2018 年 3 月 8 日，习近平总书记参加山东代表团审议时提出了“产业、人才、文化、生态、组织”五个乡村振兴主要建设内容。

我院紧扣乡村振兴总要求和乡村振兴主要建设内容，发挥农林、医卫类的专业特色优势，为推进农民科学素质提升和传播乡村振兴科普知识，组织编写出版“乡村振兴系列丛书”。《生态养猪实用技术大全》《中药材栽培技术与开发》将帮扶贫困人口，促进农村产业兴旺，为实现农村脱贫致富提供技术支撑。《乡村景观生态资源升级保护与开发》《乡村湿地景观资源利用与保护》构建农业开放新格局，改善农村人居环境，打造蓝天、碧水、净土。《农村废弃物利用与处置技术》加强农村突出环境问题综合治理，实现农村生态宜居具有很强的操作性。《庭院设计》《乡村民居设计》《古村落生态文化旅游》将传承农村优秀传统文化，加强农村公共文化建设，建设农村乡风文明提供可借鉴的样本。《农村常见疾病和意外伤害的预防与处理》为推进健康乡村建设提供基础保障。

本系列丛书通熟易懂，深入浅出，有助于农业农村系统干部和社会各界学习领会乡村振兴战略，为乡村振兴实践、学习、培训提供参考借鉴。

湖南环境生物职业技术学院校长　左家哺

2019. 6. 28

# 前言

在“各美其美，美美与共”的每一个乡村景观中，都有各自的生态资源特色。乡村的天、地、人，都是珍贵的景观生态资源；那山、那水、那人养育着生物界生生不息的世世代代；那美好的生态环境、建筑和人文特色，都被我们欣赏、利用和传唱着，而我们要怎样对待那乡村赐予的景观生态资源呢？生命在那里自然的生长，时空在那里不断地变化，人们是否有利于那里的健康、繁荣、富强？是否有利于那里的茁壮生长？带着这个问题，本书编写组一直都在调查国内外有关乡村景观生态资源研究成果和建设成就，并将这些宝贵的有成之事与大家共享。

为了进一步提升乡村景观生态资源发展质量和效益，充分发挥乡村景观生态资源建设战略综合带动脱贫致富的作用，推动景观生态资源和农业、工业、服务业资源的生态型融合发展，加快全面建成小康社会，引导乡村向全域生态休闲度假文化旅游产业转型升级，并遵循乡村生态修复—生态旅游—生态管理—生态文明等目标逐级上升的发展规律，充分调动政府、企业和乡村三个层面对完善乡村生态修复培育、提升乡村生态旅游服务、加强乡村生态规划管理，推进乡村生态文明建设的积极性，促进乡村景观生态资源升级保护与合理开发协调发展，使乡村景观生态资源提质升级，是新时期乡村生态文明建设的重要手段，是加快城乡统筹发展，实现产业联动和以城带乡的重要途径，对实施贫困地区精准扶贫，进一步丰富优化乡村景观生态资源空间质量，加快乡村景观生态资源升级保护与合理开发，对实现全面建成小康社会具有重要作用和深远影响。现阶段乡村在纯天然景观生态资源、半自然景观生态资源、人文景观生态资源三个方面的保护与开发问题与“三农”问题紧密相关，乡村景观将以农业与观光体验旅游、农村与休闲康养度假、农民与生态文明建设等形成多种关系和多个交点，构成了乡村景观生态资源的不同产业类型与发展模式。无论什么产业类型与发展模式，只有建立在良好的景观生态资源建设战略基础之上，才能得以实现目标。乡村景观生态资源，宏观上展现了乡村的整体形象之美，微观上体现了村落的极致特色之美。因此，研究乡村景观生态资源的升级保护与合理开发，对促进乡村振兴战略目标、原则、途径升级、对实现中国美丽乡村建设成果具有重大历史意义。

随着乡村振兴的不断推进，特别是乡村土地流转政策的实施，将对乡村景观生态资源升级保护与合理开发成一个新的经济增长点。但一定要预防乡村在片面追求经济发展中仍存在如下问题，如没有严格进行工地性质划分及使用，对景观生态资源的整体与局部各个方面的保护力度都不够，“巧妙”变更土地性质，任意开挖山体（填埋湿地）建房、修路造停车场，围建庭院宅等，破坏性开发仍然存在，大量开发缺乏创意实效，如政绩工程、形象工程等，部分开发更是盲目落后，进行不下去就变成了烂尾楼工程、烂摊子工程等，这些问题的存在严重制约了乡村景观生态资源升级保护与合理开发的进程。通过分析乡村景观生态资源保护与开发存在的实质问题，必须有针对性提出科学的解决策略。这个策略就是乡村振兴发展新的正确理念，是指对中国乡村发展战略提出的一个具有全局指向性的发展规划。旨在打造美丽的中国新型乡村，促进乡村健康发展与繁荣富强。其内涵是对乡村纯天然景观生态资源、半自然景观生态资源、人文景观生态资源的升级保护与合理开发进行科学化规划和更优化建设，并坚持立足长远发展，保障生态资源安全与民生安全，促进乡村振兴战略“五位一体”的和谐发展、持续发展。因此，在这种背景下，只有正确对待中国乡村景观生态资源的升级保护与合理开发，才能促进乡村景观生态资源的健康与繁荣，科学谋划乡村振兴生态文明建设战略蓝图，使乡村朝着正确的方向发展，为提高全体人民可持续发展的生产生活水平和质量而努力。

乡村景观生态资源升级保护与合理开发中存在的不足，直接影响了乡村景观生态资源升级保护与合理开发的进程。主要表现在三个方面，一是大数据时代的生态资源管理不到位；二是片面注重和满足于典型乡村旅游建设；三是以点连线，以线带面的“三农”建设和精准扶贫工作思想、方法和态度，必须进一步落实到广大人民群众中去发挥更加积极的作用。针对这三个问题，湖南环境生物职业技术学院提出了用科普教育来解决这个问题，以此进一步提高乡村景观生态资源升级保护与合理开发的综合服务水平。我们编写的《乡村景观生态资源升级保护与合理开发》一书特点，是以突出乡村景观生态资源“美”为目标动力，通过对比进一步明确认识乡村景观生态资源应该如何升级保护与合理开发、科学规划与严格管理，以充分突出乡村景观生态资源“美”的魅力。2010 年金盾出版社出版的《农村生态资源保护》作者刘树庆用通俗的语言讲了该如何保护农村生态资源，适合农村干部和大学生村官阅读。2011 年由中国劳动社会保障出版社出版，科技部中国农村技术合理开发中心夏立江编写的《新农村生态资源保护知识读本》，旨在让农村基层干部树立正确的生态资源保护意识，普及村容及生态资源治理的基础知识和方式，适合于农村基层干部、农民、生态科技人员、生态工作者和农村经纪人阅读，也适用于大、中专业院校生态类专业学生及关心新农村建设的广大读者使用。中国农业大学资源与环境学院生态学与工程系教授、博士、博士生导师宇振荣的《乡村生态景观建设：理论和方法》主要以北京市农业/农村生态景观建设为研究对象，同时引用并融合了国土资源部新一轮《土地整治规划（2011—2015）》专题“土地整治生态景观建设理论、方法和技术”。结合以上优秀出版物的特点和最新发布的国家相关政策法规要求，为更好的服务于广大普通农民兄弟及子弟的阅读方式和兴趣，使他们早日成为乡村振兴战略与环保开发的主力军和生力军，我们编写了《乡村景观生态资源升级保护与合理开发》一书，希望能为新一代乡村振兴接班人在实践中打下良好的、坚实的理论学习与实践探索的基础。

如今乡村在党和政府领导下，久久为功，大部分乡村封山育林生态资源秀了、乡村振兴景观变了、狠抓卫生四害少了，提倡美化兴致高了，但深层次乡村生态资源升级保护与合理开发建设问题并没有得到根本性的解决，还需要通过对“美好愿望”的不懈追求来激发农民群众可持续发展的热情。因此，我们必须从以下几个方面进一步明确这个问题。一是如何在农村地区以共同创造美好生活来弘扬科学艺术精神。首先认识到通过科技审美的力量使每一位农民群众充分认识科技的重要性，自觉学习生态资源科学技术知识，并武装自己的头脑。通过大力宣扬勤劳能干、信科学、用科学进行生态建设脱贫困致富的人，来教育人们树立正确的科学观，在学科学、用科学的同时，积极学习马克思主义科学态度、思维方式，学会面对问题、思考问题、解决问题、检验问题，掌握科学精神实质，鼓励用勤劳智慧的双手创造美好幸福的生活。二是如何在农村地区以“人皆有之的爱美之心”来传播科学技术知识。当前随着农村第一、二、三产业的融合发展，我国部分农村生态资源保护形势仍十分严峻，工业生产污染以及农民生活污染反复叠加并互相影响。老问题没有全部改善，新问题又层出不穷。因此，从现阶段农村环保科普教育的现状特点出发，从“爱美之心人皆有之”的教育理念出发，培养农民热爱乡村景观生态资源环境美，鼓励农民环境自治，努力创新农村环境升级保护与合理开发的科普教育形式和方法手段。三是如何在农村地区以乡村景观生态资源“美”来提高文化艺术涵养。过去农民的生态资源科学艺术素养偏低，阻碍了乡村振兴可持续发展战略的实施。现在必须从振兴乡村景观生态资源科学艺术教育出发，从乡村景观生态资源美的特点及大众对生态资源文化心理的态度，从农民子弟对生态资源科学艺术需求的方式分析问题及原因，针对性提出改革农村科普教育，明确科普教育的主要对象是广大农民，主要任务是全面提高农民的科学艺术素养在乡村景观生态资源升级保护与合理开发方面的基本认识能力，其基本形式是通过美的科学艺术综合教育，进行乡村科普教育活动。因此，本教材编写强化了图文并茂、深入浅出、通俗易懂的科学艺术相结合的科普方式，希望不仅适合乡村管理者和实践者阅读，更加适合农民兄弟理解，通过对乡村景观生态资源升级保护与合理开发的基本知识、应用方式和实际案例的科普教育和学习，切实提高广大农村地区景观生态资源升级保护与合理开发的科普教育学习水平，确保科普教育学习质量效应达到可持续提升的效果。

总之，农村科普教育是农民科学艺术素养提高的重要途径，关系到农村经济发展、社会发展和我国现代化建设事业的繁荣强盛，农村科普教育对乡村振兴战略有着重要作用。相对过去农村科普以传播科学知识为主要内容而言，今天湖南环境生物职业技术学院提出以普及传播科学技术知识与科学艺术认识相结合的新举措、新探索，是对新农村科普教材编写的又一次新的探索、发展与进步。

编者

2019. 5. 31

# 目 录



## 绪论

## 第一篇　基本认识



## 第二篇　应用方式

**案例分析**

**附录**

# 第一篇

# 基本认识

乡村景观生态资源升级保护与合理开发的研究是依据景观生态学原理与自然资源学原理相结合，把景观地理学研究中的自然时空相互作用的横向研究和景观生态学研究中的生态机能相互作用的纵向研究合为一体，研究乡村景观中物质流、能量流、信息流及价值流的传输和交换；再通过对乡村生物与非生物以及人类之间的相互作用与转化，在生态学原理和经济学理论指导下，了解乡村景观结构和功能，从而理解乡村景观中生态资源动态变化以及相互作用的机理，以掌握乡村景观中生态资源的结构优化、格局美化及升级保护和合理开发的基本原理。做好乡村景观生态资源升级保护与合理开发工作，首先要了解乡村景观中的生态资源美学特色，进而还要掌握乡村景观生态资源系统的自身发生、发展和演化的规律，再者就要探求乡村景观生态资源升级保护与合理开发的管理途径与措施。

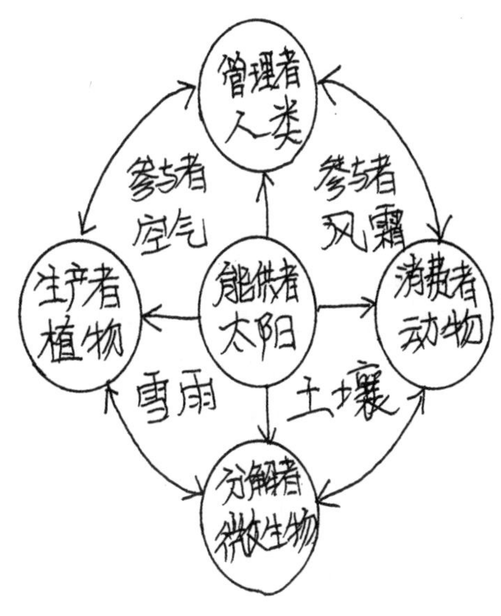


生态系统结构关系图

乡村景观生态资源是乡村这个复合生态系统中的自然景观生态系统和人文景观生态系统之中各种景观要素的载体。人们对乡村景观生态资源的理解不尽相同，现今却有三种基本观点。第一个观点是从乡村景观生态资源的宏观景象来认识。这是对乡村景观生态资源最原始、最普遍的认识，它主要包括乡村景观生态资源中生物群落组合构成的景观资源可分为陆地生态景观系统和水域生态景观系统两大类的乡村自然生态资源系统，还可分为自然生态资源类、半自然生态资源类、农作生态资源类乡村景观生态资源类型。乡村景观在陆地生态资源系统中，根据乡村各生态资源系统的植被分布情况，还可分为森林生态资源系统、草原生态资源系统、农田生态资源系统和人居生态资源系统等四类陆地型乡村景观生态资源结构。乡村景观在水域生态系统中，又可分为海洋生态系统资源、湖泊生态系统资源、江河生态系统资源及湿地生态系统资源四类滨水型乡村景观生态资源体系结构。这里乡村景观生态资源结构分类包含了宏观上最为直觉形象的美学形

清晨：高山流水遇知音，万物生长靠太阳

式。第二个观点是从个体微观结构属性上理解乡村景观生态资源。研究对象是山体、水系、地形、动植物种群等个体属性在乡村景观生态资源中的微观景象。第三个观点认为乡村景观是一个复合生态系统，综合了以上两种观点认为：乡村景观是自然的、生物的和人类的因素相互作用形成的复合生态系统。乡村景观生态资源系统是某区域自然要素之间以及与人类之间共同作用、制约所构成的统一整体。主要研究乡村景观自然生态要素、社会经济要素的相互作用及乡村景观的最优化利用和保护与开发。这个观点表明了乡村景观生态资源系统是自然环境的一个组成部分，并强调人地关系在其中的作用，将人类作为景观的能动要素，并对所有要素进行综合分析，从而研究其间的相互影响、制约和联系，克服了分析上的片面性和孤立性。同时用经济学的观点、方法研究乡村景观生态资源这一客体，使之在综合分析的基础上了解乡村景观的动态变化及相互作用的物质循环、能量流动、信息传递以及系统的演替过程。目前，以遵循乡村景观生态资源系统整体优化、循环再生和区域分异为原则，为合理开发利用乡村景观自然生态资源、人文生态资源，不断提高乡村生产力水平，保护与建设乡村生态环境，提供理论方法和科学依据，为探求解决乡村景观生态资源发展与保护、经济与生态之间的矛盾，明确促进生态经济持续发展的途径和措施。为进一步做好乡村景观生态资源升级保护与合理开发，我们的基本任务可概括为以下六个方面：

## 一、了解乡村景观生态资源系统结构和功能

其中包括对乡村自然景观生态资源系统和乡村农作景观生态资源系统的了解。乡村景观生态资源系统结构主要包括乡村景观生态资源时空尺度的有序排列。乡村景观功能主要包括乡村景观生态资源系统内部进行的物质循环、能量流动、信息传递及在人的影响下乡村景观发生的各种变化及表现出来的性能。特别要注意人类作为乡村景观生态资源中的一个要素在乡村景观生态资源系统中的行为和作用。对这方面的了解是乡村景观生态资源升级保护与合理开发的关键，通过明确乡村景观生态资源理论，能更好地指导乡村振兴工作实践。

## 二、认识乡村景观生态资源系统监测和预警

乡村景观生态资源监测的任务是不断监测自然和农作生态资源系统及生物圈其他组成部分的状况，确定改变的方向和速度，并查明各种人类活动在这种改变中所起的作用。乡村景观生态资源监测工作，应在有代表性的乡村景观生态资源系统类型中建立监测站，积累资料，完善生态资源数据库，动态监测物种及生态资源系统状态的变化趋势，及时发出分析数据，为决策部门制定合理利用自然资源与保护生态资源环境的政策措施提供科学依据。乡村景观生态资源预警是对资源利用的生态后果、生态资源环境与社会经济协调发展的预测和警报。一方面是认识在监测基础上，从时空尺度上对乡村景观变化作出预报，并通过乡村景观生态资源的承载力、稳定性、缓冲力、生产力和调控力，分析乡村景观容量和持续发展能力预测，并对区域生态资源环境与经济发展的协调性和适应性进行评价，对超负荷的乡村区域内重大的生态资源环境问题作出报警，采取必要措施。另一方面是认识

对各种自然因素和乡村建设工程项目所引起的生态资源环境变化的监测和预警，如对旱涝天灾及水利工程项目的生态资源环境变化的监测和预警。

## 三、懂得乡村景观生态资源系统规划与设计

懂得分析乡村景观生态资源特性的判释、综合和评价，提出乡村景观升级保护与合理开发最优化方案。对乡村景观活动及生态资源在时空上协调，达到景观优化利用，既保护环境，又发展生产，处理好生产与生态资源、资源开发与保护、经济发展与环境质量之间的关系，清楚开发规模、速度、容量、承载力之间的关系。根据乡村景观生态资源良性循环，环境保护与开发质量要求，区域协调相容的生产与生态资源结构，提出生态资源系统管理途径与措施。主要懂得乡村景观生态资源分类、乡村景观生态资源评价、乡村景观生态资源升级保护培育技术、乡村景观生态资源合理开发和实施。

## 四、学习乡村景观生态资源系统利用与管理

学习合理利用、保护和管理乡村景观生态资源系统的途径，运用生态学演替理论，通过科学实验建立乡村景观生态资源系统模型，研究乡村景观生态资源系统的最佳组合方式、技术管理措施和具体约束条件，采用多级生态资源工程等有效途径，提高光合作用强度，最大限度利用初级异养生产，提高不同营养级生物产品利用的经济效益。建立自然乡村景观和人文乡村景观保护区，科学经营管理和保护生态资源与环境。学习保护生态资源过程与生命支持系统；保护生态资源多样性；保护现有生产物种；保护乡村文化景观，加强各类生态资源系统的再生功能，使之为人类永续利用。加强学习乡村景观生态资源信息系统在数据库、模型库、乡村专家系统的管理。

## 五、研究乡村景观生态资源系统建设与管理

乡村景观生态资源升级保护与合理开发学习研究正朝着综合化、交叉化方向发展；其研究对象亦从自然生态资源向人文生态资源转变；研究尺度从中尺度向宏观与微观两个方面扩展。乡村景观生态资源升级保护与合理开发中的新材料、新方法与新技术的推介，对生态资源友好型、节约型、和谐型乡村建设的引导，乡村整治管理与规划建设管理，基础设施建设与安全防灾，乡村生态资源保护的政策法规与标准等，通过做好乡村整治，使乡村人居生态资源环境优化美化得到持续改善。乡村景观生态资源建设，宏观方面展现了乡村的整体形象，微观方面展现了乡村的极致特色。以此推进乡村振兴战略，形成了乡村景观生态资源升级保护与合理开发的动力、方向、体系及方式的管理。

## 六、掌握乡村景观生态资源系统发展与研究

当今国内外乡村景观生态资源升级保护与合理开发的科学研究内容主要有：①乡村景观生态资源环境条件调查评价研究；②乡村景观土地资源保护与利用情况变化研究；③乡村景观生态资源经济结构及地区布局研究；④乡村人口密度、文化水平对乡村景观生态资源的影响研究；⑤乡村景观生态资源类型、主要特点、形成过程及其发展变化趋势研究。

党的十九大报告提出了实施乡村振兴战略，这是全面建成中国小康社会重大战略部署，同时意味着乡村建设将成为今后一段时期国家现代化建设的重点。乡村景观生态资源是我国主要的资源，是乡村振兴与美丽乡村建设的核心内容，认识和梳理乡村景观生态资源构成，不仅可以更好地升级保护和合理开发乡村景观生态资源，同时也可以促进乡村景观生态资源的可持续发展，为建设美丽乡村提供指导与借鉴。

# 第一章
# 乡村景观生态资源内涵概述

## 一、乡村景观生态资源的概念

### （一）乡村景观

乡村是指城镇以外地区的人居生态生产生活环境，亦可称乡村聚落或村落。

景观指在某一时空各类事物形态变化被人类观察到的外在印象。景观不仅是一种动静结合的时空状态，也是一种由表及里的审美想象和美学意向。

乡村景观指被人所观察感知的村落自然环境生态系统和人工改造生态系统的结合，乡村各自具有着一定的地形地貌、动植物分布、土地利用、生产生活形态等特征，会受到区域人类生态、历史、经济、社会和文化活动发展的影响。

这里的乡村景观指人们对乡村景象的感知与认识，是一种视觉美学意义上的概念，又称“乡村风景”。乡村风景，泛指各类乡村景物、景象、景色的乡村风景艺术。艺术学把乡村景观作为艺术作品的表现对象；地理学把乡村景观作为一个科学名词，定义为综合自然地理地表景象，或是一种景观类型，如乡村山地景观、乡村平原景观、乡村湿地景观等；生态学定义乡村景观为乡村生态系统；旅游学把乡村景观当做乡村生态资源利用；风景园林和建筑设计师们将乡村景观描画成为自然、社会及人文共同构成的美丽乡村景观。

### （二）生态资源

“生态”一词源于古希腊，原意指“住所”或“栖息地”。指生物在一定环境下生存和发展的状态。简单的说，生态就是指一切生物的生存状态以及它们之间和它与环境之间的环环相扣、生死存亡的关系。“生态”学说的产生最早是从研究生物个体开始的，发展到今天“生态”一词涉及的范畴越来越广，人们常常用“生态”来定义许多美好事物，如生态文明、生态城市、生态康养、生态资源、生态经济、生态文化、生态艺术、生态景观等。

“资源”指一国或一定地区内拥有的人力、物力和财力等各种要素的总称。分为自然生态资源和社会生态资源两大类。前者是指阳光、空气、水、土地、森林、草原、动物、矿藏等；后者是指人力资源、信息资源及人类劳动创造的各类非物质文化资源等。

这里的生态资源指在人类生态系统中，一切被生物和人类的生存、繁衍和发展所利用的自然生态资源和社会生态资源的总和。

### （三）乡村景观生态资源

乡村景观生态资源，包括发生在村落中的天象气候、地形地貌、人文活动等自然生态与社会生态现象，如山水云雾、动植物、田地、菜地、果园、建筑、道路、桥梁、风土人情等表现形态，是乡村生态、经济、社会、文化等诸多景观因素在乡村地区的综合反映。

乡村景观生态资源保护与合理开发是对乡村自然生态资源和乡村人工景观生态资源两部分构成进行人为优化作用，是对乡村区域内具备乡土景观特征的生态资源构成元素中的生态价值、经济价值和美学价值的进一步的保护与科学合理的开发。

中国古代《周礼》中记载的“园圃，树以瓜果，时敛而收之”说明，那时人们已在群居的自然环境中开辟场地种植农作物，共同生活。由此可见园圃是乡村景观生态资源的雏形之一。经千万年的文明更迭，如今乡村景观生态资源已经从简单的乡村自然景观生态资源升级演变成乡村区域范围内具有生态、经济、社会、美学价值的综合产物。某些乡村特殊的生态、人文、历史景观生态资源会被政府严格管理。如一些乡村在保护与开发乡村景观生态资源时，会严格控制不合理项目实施造成的各方面损失，严格调控乡村建筑风格、造型、尺度、材料、色彩等整体面貌，竭力限制不适合的动植物品种的引进和繁殖，以免破坏原生态的乡村景观生态资源特色。

## 二、乡村景观生态资源分类

乡村景观生态资源里一部分为不可再生资源，即失去了就永远没有了的资源，如一片优良田土被修路建房，一棵古树名木死亡或被砍伐，一件老器具、古建筑被破坏毁灭，以及由农作改造过的天然元素，包括半天然景观的山林村庄、田园风光、鱼米之乡等都必须重点保护。另一部分是纯天然形成的自然生态资源，如阳光风雨是可再生资源，必须充分开发利用，不能白白流失。乡村景观是在城市景观和天然景观之间的景色，它富有自然生产、生活、生态特色。相对于城市来说乡村的自然气息更浓，更显人与自然的和谐之美。

自然景观

村落景观

农耕景观

乡村景观生态资源，是人类赖以生产生活的基本条件，也是得天独厚的旅游资源，具有人文与自然并蓄的特色。“采菊东篱下，悠然见南山”是陶渊明描述的古朴淳厚、诗情画意的田园之美，代表了人们返朴归真的愿望。“回归自然、体验乡村”的乡村景观生态旅游自古倍受人们推崇。乡村景观生态资源是人类活动与自然生态资源连续不断相互作用的产物。因此，乡村景观生态资源所涉及的对象是在乡村区域内与人类聚居活动有关的景观时空，包含了乡村的生态、生产和生活三个层次，即乡村自然（天然及半天自然）景观生态资源和乡村人工（社会）景观生态资源（乡村经济、文化、习俗、精神、审美的社会现象）。根据乡村景观生态资源概念，对乡村景观生态资源构成元素进行分类如图所示。

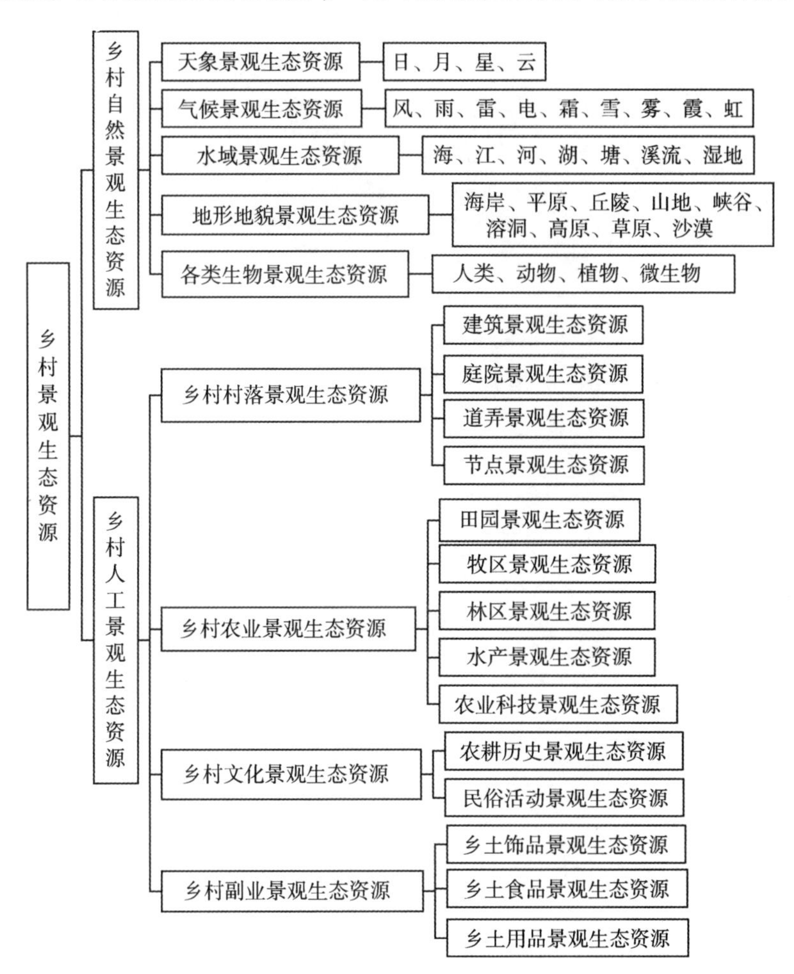


**乡村景观生态资源的分类图表**

## 三、乡村景观生态资源的特点

乡村景观生态资源是乡村自然地理系统的构成要素，又是乡村地区人类赖以生存的环境条件和社会经济发展的物质基础。有史以来，我国十分关注家园营造，是最早发现山水田园之美的国家之一。《周易》中提出的“观物取象”，注重环境选址的优劣。其辩证思想为“人法地，地法天，天法道，道法自然”，使乡村景观营造更具有生态属性。风水学进一步强化了环境观念，使乡村景观规划一开始就致力于创造良好的生态小环境，被后人惊叹好似桃花源般美不胜收的中国乡村景观生态资源，实际并不是设计师的作品，而是当地乡村居民在与自然的长期相处中，对深刻理解自然造化而保育的杰作。在历史发展中的自然地理、社会意识、农作积淀因素共同作用下，乡村景观生态资源有以下六个特点：

民居入户小花园

## （一）社会性

乡村景观生态资源是一定社会历史时期的产物，深深地反映了某一历史时期的社会属性。随着社会进步、科学技术的发展和文化的交流，景观生态资源也会发生相应的变化。从乡村景观生态资源的变化中可以清晰地看到社会发展的轨迹。乡村景观生态资源具有社会性特点，如传统社会的宗祠、亭台、水井，桥梁，现代社会的教育、医疗、交通、信息、水电等社会生活设施。作为生态资源的乡村景观是人类社会长期以来与自然环境相互作用、相互影响形成的社会生活景观。这种景观的形成过程无一不是人类社会与地理环境的不断磨合的过程。当人们掌握了自然规律，遵循生态学的原理，人地关系协调时，大自然就给人类社会以恩惠，促进了乡村社会经济的发展；反之则会受到大自然的惩罚。因此，人类对自然环境长期改造和相应形成的乡村景观是人与自然共同创造的和谐的社会景观。

### （二）人文性

由于地理区位、交通和信息条件的限制，使得民间文化生态资源的传承性较强，使传统村落原汁原味的民间文化生态资源能完整地保留下来，故乡村景观生态资源具有明显的人文特点。乡村各民俗节日、工艺美术、民间建筑、音乐舞蹈、婚俗禁忌、趣事杂说等资源都被赋予浓厚的文化生态底蕴。乡土社会浓厚的区域本位主义和家乡观念特色的非规范性人文特点，加上民间文化的历史悠久及内涵丰富，使其具有神秘的、淳朴的人文生态资源特色，促使传统牌坊、礼制建筑、风俗习惯，加之现代文明素养、生活方式、生态环境等乡村人文景观生态资源用于发展旅游，使乡村更加注重乡村地方精神文脉传承与文化创新。

### （三）整体性

乡村各种景观生态资源有其相互联系、相互制约的完整性体系。乡村生态环境是一个自然生态系统和社会生态系统共同组成的更为复杂的生态系统，且相当脆弱，一旦破坏就较难恢复。在人类与自然环境长期作用下形成的乡村景观生态资源，是自然生态环境和社会生态环境各要素组成的复杂而和谐的统一整体，任何要素的变化都会引起乡村景观的变化。乡村景观既受自然规律的支配，也受社会规律的影响，形成了一个复杂的系统。故乡村景观生态旅游资源具有整体性和系统性的特点。因此，在开发利用过程中，树立整体观念，科学规划合理布局，如对传统《易经》风水学说等朴素环境观的扬弃与现代城乡一体化科学规划设计的运用，做好乡村景观生态资源的升级保护与合理开发。

### （四）地域性

乡村生态资源与自然环境、社会环境的关系十分密切。在不同的环境影响下，形成了不同的景观类型。即使同一种景观类型，在不同的自然条件下又有不同的特征，如不同气候带形成了相应的农业生产、生活、生态景观资源带。而不同地域政治、宗教、民族、文化、人口、经济、历史等要素组成的社会环境差异性，如不同地区的民族服饰、信仰、礼仪、节日庆典等又形成了不同的乡村民俗文化生态资源带。因为地球上自然环境和社会环境的地域差异，形成了不同乡村景观生态资源具有明显的地域性特点，明确不同乡村的生态资源分布和组合有一定差异和特点能促进乡村某方面发展，也可能限制乡村某方面发展。所以，必须充分认识和掌握本地区的生态资源特点和生态资源优势与劣势，因地制宜地升级保护与合理开发利用乡村景观生态资源。

### （五）多样性

因为乡村景观生态资源的组成既有自然环境要素、社会环境要素，还有物质成分、非物质成分，其内容丰富、类型多样。既有农村、牧村、渔村、林区等不同的农业景观，集镇、村落、民居等不同特点的聚落景观，还有各地区丰富多彩的民族风情，所以乡村资源具有多样性的特点。乡村景观生态资源利用也不是单一的观光游览，还包括观光、健身、娱乐、康疗、民俗、科考、访祖、考古等。如直接品尝农产品（蔬菜瓜果、畜禽蛋奶、水产等）或直接参与农业生产与生活实践活动（耕地、播种、采摘、垂钓、烧烤等），从中体验农民生产劳动和乡村民俗风情，可获得相关的农业生产知识和乐趣，寓教于乐。乡村生态资源的多样性具有多种功能、多种用途，既可用于农业生产，又可以为工业生产原材料利用，既可用于发展乡村景观生态旅游业，又可以改善乡村生产生活环境。因此，乡村景观生态资源升级保护与合理开发十分重要。

### （六）有限性

我国地域虽然辽阔，乡村景观生态资源种类多样，但受到城市化影响，很多地方难以保持自然风貌，加上众多风格各异的乡土人情、乡风民俗的景观复制，使乡村景观生态资源旅游在活动对象上有限的辨识度更加难以突出，在特定地域上形成的“古、始、真、土”特点，更加难以具备城镇无可比拟的贴近自然的优势资源，为游客提供返璞归真、重返自然的条件日趋消失。尽管乡村景观生态资源有限，即使是乡村再生性生态资源，在人类强度开发利用的情况下也会失去再生能力。所以，既要合理利用和保护生态资源，也要利用先进的科学技术和管理方法，才能扩大生态资源升级保护与合理开发利用的有效途径，从总体上不断地保育好乡村景观生态资源。

伐木场：此时此景想起了故乡——金黄收获的新木、青绿生机的森林、红紫高贵的草木

## 四、乡村景观生态资源的保育

现阶段，我国乡村景观生态资源的保育工作主要体现在以下三方面：

### （一）明确生态问题，加强使命意识

我国是一个生态环境比较脆弱的国家。空气与水污染严重，旱涝灾害频繁，水土流失不断，耕地逐步荒废，沙化面积扩大，湿地面积缩小等情况仍较突出。进入新时代，国家把生态建设作为基本国策，放在“五位一体”的发展布局中，乡村景观生态环境面貌有了较大改观，在生态资源保护和开发方面取得了成果。然而，我国几十年快速发展积累的大量生态资源破坏问题，使得生态短板明显。严峻的环境现实证明，恣意破坏不堪重负的生

我在森林等你来！

态环境，无度挥霍捉襟见肘的自然资源，如果再不从响亮的口号中走向现实，再不痛下决心保护生态、重视环保，国家将积重难返，实现现代化也就无从谈起。所以，要解决乡村景观生态资源升级保护与合理开发的问题，首先面临以下几个方面的严峻考验：

1. 乡村景观生态资源多样性保护措施制定问题

多样性的乡村生态资源和乡村文化传承和保护，已经成为一些地区乡村可持续发展面临的关键瓶颈问题，乡村景观生态资源转型和空间重构是近年来研究乡村问题的趋势。如何因地制宜构建乡村景观差异化旅游发展模式，打造和谐的乡村人居环境，制定适宜的乡村景观生态资源保护措施，是目前实施乡村振兴战略的热点话题之一。乡村景观极为丰富，山乡林庄、水乡渔村、平原、黄土高坡、草原牧场、盆地沙漠、高原风光、江河湖海等自然景象众多，这是大自然赋予的瑰宝。同时在我国各地还分布有许多当地人用智慧和自然力量共同作用形成的具有保护和研究价值的乡村景观，如湖北神农架森林生态系统景观、湖南湘中山区梯田景观等。在制定乡村景观保护措施时，尊重自然规律，遵循生态学原理，强化资源有限开发利用的意识，并在做保护和开发计划时，建立在充分细致的资料调查与数据分析之上，利用景观生态学研究方法，注重当地人对生态资源的理解和认知，科学合理地进行乡村景观规划布局，施行环境敏感区域和受损生态系统的重点保护和修复，注重自然景观和农作景观系统平衡、利用的问题。

（1）重视乡村景观生态资源的系统平衡问题。生态系统服务功能的发挥最终要在景观生态资源元素上得以体现，并且依赖于景观和人类之间的相互影响。中国乡村景观丰富多样，各地的景观元素的组合特征受到种种生态过程及资源格局的影响，如果忽视景观生态学等相关理论和方法的指导，很有可能会导致原有的乡村景观系统风貌严重受损。大量单一的经济模式集中落地，可能出现“千村一面”的“景观污染”现象，破坏农田、水系、树林等自然元素之间的景观生态功能系统，造成不可逆转的乡村生态破坏。因此，在对乡村实施振兴计划时，把握好乡村景观土地功能及各生态元素的综合作用，按功能进行科学划分，制定符合乡村生态特色的相关措施，并在此基础上进行持续的保护与修复。

（2）处理乡村景观中作用品种生态资源的利用问题。随着中国乡村经济的快速发展，引进一些产量较高的外来品种取代当地传统品种成为一些地方的普遍现象。这些产业项目景观短期提高了乡村经济的发展，但客观上造成了当地遗传资源的日趋贫乏，致使作物类群趋于单一化。而事实上，抛开经济因素，很多地方品种在当地有很高的认度。如今我国人民在蔬果食用方面，普遍认为传统品种口感更好，在庭院种植中优先选择传统品种，如湖南、广西和贵州交界的侗族地区，当地人食用的传统糯米品种多达几百个。在乡村振兴战略过程中，应平衡好本地传统品种与高产量的外来品种或杂交选育品种的比例关系，最大程度维持区域的生物多样性，保护与开发好各地的珍贵遗传资源。

（3）强化乡村景观生态资源传统知识的传承保护。乡村振兴过程中对生态资源的保护不仅要保护自然环境，同时还需要对生物资源相关传统知识进行保护和传承。以乡村最有特色的农业文化遗产为例，它涵盖了生物资源、民俗文化、传统村落、传统知识与技术体系等农业生态景观诸多方面，其融合科学性、文化性等特点为一体的复合型农业生产系统，具有生态与环境、经济与生计、社会与文化、科研与教育、示范与推广等多种功能和价值体系。中国目前具有 15 项全球重要农业文化遗产，居世界之首，从南方的多种稻作系统，到西北的农林牧复合系统，都强调以当地人的传统知识和经验为基础，以实现这些结构复杂的农业生态系统及农业生物多样性和当地景观的有效保护和可持续管理。

2. 各地区乡村景观生态资源发展不平衡问题

乡村景观生态资源发展评价标准设计问题，在中国乡村间呈现明显非均质特征，既有因村情不同出现的横向异质性，也有因乡村经济发展不平衡导致的纵向异质性。因此，重视发展不平衡的现实问题，既不能片面地认为发展生态产业就等同于破坏乡村生态，从而放弃对生态资源的可持续利用和乡村振兴战略的实施；更不能竭泽而渔，不考虑当地资源优势和生态承载力，以乡村环境恶化和乡村景观破坏为代价，搞不当的产业项目。只有充分考虑乡村自然和人文等因素，确定适合当地经济的生态资源利用方式与模式，才能解决各地区乡村景观生态资源发展不平衡的问题。

（1）落实科学的废弃物资源循环利用方式。乡村废弃物作为剩余生物量，在不破坏乡村景观生态资源的前提下，如何高效清洁地将其转化成能量或化学物质，提高资源的生态效益是目前乡村治理和新农村建设的重点内容之一。随着乡村振兴计划的逐步实施，生活垃圾、农业生产废弃物、乡村工业废弃物随之增多，同时城市生产、生活废弃物通过大气环流、水网和城市环卫系统输往乡村的现象，威胁着乡村景观形象。因此在乡村振兴计划中，可根据乡村现有资源和优势，发展乡村循环经济，打造废弃物资源化利用产业景象，减轻对乡村景观的破坏。

（2）倡导理性的生态资源消费利用模式。在乡村振兴计划过程中，针对产业振兴项目的实施，要系统分析生态资源利用相关者参与生物资源的利用机会，了解不同群体对环境权益的不同观点和看法，进而通过顶层设计，以一定的制度约束，倡导变为理性的、绿色的、循环的消费利用模式，不再单纯以经济效益为唯一目的，使乡村发展不再以过度损失乡村景观生态资源为代价，浪费可贵的自然资源。

3. 新时期生态文明建设的保障问题

党的十八大以来，习近平总书记多次强调：“生态文明建设事关中华民族永续发展和

‘两个一百年’奋斗目标的实现，保护生态资源就是保护生产力，改善生态资源就是发展生产力。”习近平总书记一再指出：“在生态资源保护问题上，就是要不能越雷池一步，否则就应该受到惩罚。牢固树立生态红线观念，生态红线，就是国家生态安全的底线和生命线，这个红线不能突破，一旦突破必将危及生态安全、人民生产生活和国家可持续发展。我国的生态资源问题已经到了很严重的程度，非采取最严厉的措施不可，不然，不仅生态资源恶化的总态势很难从根本上得到扭转，而且我们设想的整体发展目标也难以实现。”“只有实行最严格的制度、最严密的法治，才能为生态文明建设提供可靠保障。”纵观历史，前人的生态智慧令人叹服；再看时下，领袖的环保决心催人奋发；重谈责任，我们的历史使命不容懈怠；展望未来，生态资源的保育工作任重而道远。

（二）优化工作思路，强化尽责管理

“绿水青山就是金山银山”“留得青山在，不愁没柴烧”，农业生产生活的生态资源的基础是森林。森林覆盖率低一直是影响我国社会主义现代化建设的一大难题。党和国家一贯高度重视生态文明建设。新中国以来，伟大领袖毛主席提出了“绿化祖国实现大地园林化”的号召，周总理提出“青山常在，永续利用”的嘱托，到现在依然是我们生态保育资源，实行环境保护的行为准则。认真学习政治理论、习近平思想、十九大精神、《关于新形式下党内政治生活的若干准则》《中国共产党党内监督条例》，不断强化“四个意识”、不断提高廉洁自律水平，紧紧围绕乡村振兴大局和生态保育工作，优化工作思路，攻坚克难，不断创新，通过扎实有效的管理，必须做好以下七个方面的工作：

（1）乡村生态保育工作要加强植树造林和退耕还林的全程监督和复核验收。对刀抚作业的全过程进行跟班作业，对刀抚质量进行全面复核验收。做好森林抚育调查设计质量的检查验收和抚育作业质量的核查验收工作，为提高森林抚育作业质量把住关口。通过严格细致的监督检查和核查验收，提高造林、刀抚作业、森林抚育质量，确保造林成活率、刀抚合格率、森林抚育合格率较上年有较大提高，并且从源头合理控制生产费用支出，从本质上促进森林后备资源保育目标的实现，推动生态建设顺利开展，为森工企业做贡献。

（2）乡村生态保育工作要认真开展山水、林地核查工作。山水、林地监督坚守“红线”意识，严格执法监督新突破。按照“抓源头、严打击、重防范”的工作思路，摸清山水、林地使用底数，对非法侵占山水、林地现象实施有效控制，对非法侵占山水、林地行为进行严厉打击。山水、林地是树木得以生存的依托，没有山水、林地，也就没有森林，人类就不会发展，人类的生存也将成为不可能。因此，在开展严厉打击破坏森林资源山水、林地违法犯罪专项行动，加大山水、林地资源保护力度的同时，营造浓厚的宣传氛围，号召全民提高山水、林地保护意识，增强山水、林地保护观念，使广大群众加入到山水、林地保护中来得以实现，使森林资源得到有效的保护，提高山水、林地森林保育，坚守生态红线。

（3）乡村生态保育工作要规范林政执法行为，促进林业行政执法部门文明执法、规范执法，树立林业执法的权威和形象，为林业发展提供有效的法治保障。分阶段认真开展林政监督检查工作和食用菌原料认证工作，有效加强乡村地区木材流通和销售管理、烧柴管理、食用菌原料及各类建设用材管理。在加强森林消防安全管理，对林内收捡枝丫材、木材生产剩余物的管理，充分利用木材剩余物，解决木耳生产原料问题，使原料生产造成的林政案件得到严格控制。

（4）乡村生态保育工作要认真开展森林调查质量的监督检查。森林调查可以对森林资源的质量、消长变化、品种等数据进行及时的掌握，采取相应措施，遵循林业规律，让林业生产工作和规划更具有科学化的依据。通过严格监督检查，提高调查设计的作业质量和精度，为林业各项生产作业提供科学的依据，使容易在营林生产中出现的重复作业、用不适宜树种和在不适宜地块造林等问题，从源头得以避免，为林业快发展节约资金，拓展空间。

（5）乡村生态保育工作要积极配合国家林业部门卫星图斑判读和现地核实工作。澄清事实，打击犯罪。配合省资源局非法占地林政案件的核查和处理工作，按照上级要求进行案件督办，对生态资源管理起到很好的教育、震慑和打击作用。

绿化大地，培育生灵

（6）乡村生态保育工作要按照国家有关工作会议精神，积极开展保护森林资源专项打击活动。重拳出击，快查快结、严查严判盗伐林木、毁林开荒、乱捕乱猎等违法犯罪行为。扩大山水、林地核查和保护森林资源专项打击活动战果，有效控制盗伐林木、毁林开荒、乱捕乱猎现象，严厉打击各种破坏森林资源行为，形成严厉的打压态势，使各类森林案件得到有效控制。

（7）要完成乡村景观生态资源保育工作，必须扎根基层，为上级部门提供第一手可参考资料。一方面完成资源保育人员的培训工作，另方面监督管理干部的综合素质提高，对新形势、新任务、新理念、新要求的掌握程度明显提升。生态资源保育实行严格的考评制度，奖勤罚懒、奖优罚劣，在资源保育战线形成比学赶优的良好态势。

### （三）牢固树立意识，全面完成任务

乡村景观生态保育工作要坚定“像对待生命一样对待生态资源”的信心，坚持“保护生态资源不能越雷池一步”的原则，以党的十九届历次全会精神为指导，以维护生态安全为核心，以保护森林资源为重点，以推动生态资源保育方式创新为动力，做到山水、林地管理上有新成效，资源保护上有新举措，生态建设上有新作为，执法监督上有新力度，攻坚克难，为加快乡村经济发展和生态进步提供坚实的资源保障。

1. 必须牢固树立八个意识

（1）乡村生态保育工作要牢固树立“两山”意识。严格执行节约资源和保护环境的基本国策。坚持“节约优先、保护优先、自然恢复”的方针，形成乡村节约资源和保护环境的空间格局、产业结构、生产方式、生活方式，实行最严格的生态资源保护制度，坚定走生产发展、生活富裕、生态良好的文明发展道路。

（2）乡村生态保育工作要牢固树立乡村环境保护意识。紧紧把握绿色发展的科学内涵，坚持走可持续发展的道路。推进生态保护，必须理念先行，必须从长远利益、大局利益考虑。在新常态下，必须正确处理好“三个关系”，即处理好生态建设与民生改善的关系，处理好经济转型发展与森林资源保护的关系，处理好眼前利益与长远发展的关系。

（3）乡村生态保育工作要牢固树立保护森林资源就是保护乡村生产力，增加森林资源存量，提高森林资源质量就是提高乡村生产力的意识。绝不允许打着转型发展的幌子破坏森林生态资源，导致森林生态资源环境破坏、资产流失。

（4）乡村生态保育工作要牢固树立生态保护是林业生存发展根基的意识。进一步强化对山水、林地资源的保护和监管。过去靠山吃山的思想尚存，当前山水、林地、林权保护管理已经成为乡村森林生态资源监管中最紧迫、最突出、最严峻的问题。必须做到寸土不失、寸山必守的守林有责、守法有责。

（5）乡村生态保育工作要牢固树立生态保护的责任意识。努力肩负起森林资源保育的历史重任。全面停伐森林是中央的重大决策，也是森林资源承载力达到极限的必然选择。必须坚决做到令行禁止。森林抚育经营是提高林业建设质量效益的重要措施，森林抚育的目的是提高森林质量，改善林分结构，实现可持续经营，决不能走入以单纯追求效益为目的的误区。按照保育结合、量质优先、因地制宜、因林施策的原则，科学制定森林抚育规划，统筹布局，整体推进。建立健全抚育质量管理制度，严把调查设计、生产作业、检查验收关。严格执行责任追究制度，对检查核查中发现森林生态抚育质量不合格的，追究乡村和直接责任人的责任。贯彻执行《党政领导干部生态环境损害责任追究办法》，建立更加科学的生态评价考核制度，做好记载，为上级决策提供依据。

（6）乡村生态保育工作要牢固树立依法治林，保护森林资源安全意识。全面加大督查督办破坏森林资源违法案件力度，增强联查、联办、联管的工作力度，充分发挥乡村居民的相互监督作用，扩大宣传面、巡查面、举报面，营造氛围、扩大声势，使乡村居民牢固树立依法治林的常态化理念。

（7）乡村生态保育工作要牢固树立森林防火意识。牢记隐患险于明火，防范胜于救灾，责任重于泰山的原则，提高领导重视程度、提高专业队伍素质、提高打防管理水平、提高全民防火意识，确保乡村林区无各类森林火警、火灾的发生。

（8）乡村生态保育工作要牢固树立学习意识，提升资源保育战线人员整体水平。通过集中培训和自学，熟练掌握工作的规程规章，学会化繁为简、提高效率，掌握工作方法和技巧。通过加强政治理论和法律法规学习，提升自己的政策理论水平、适应能力、担当能力、执行能力和创新能力。

2. 确保全面完成八项目标任务

（1）乡村生态保育工作要把强化乡村山水、林地资源监管作为首要任务。明确乡村山水、林地保护管理工作的责任主体，强化乡村山水、林地日常化监管，加强对临时占地的监管，严格山水、林地审核审批，强化山水、林地、林权保护，坚决制止以任何名义擅自非法侵占、开垦山水、林地行为；以“国有林权证”为依据，继续加强山水、林地清理回收工作，按计划回收被侵占的山水、林地。

（2）乡村生态保育工作要把推进森林可持续经营作为始终发展目标。抓住现代生态农业科学技术发展和现代全域旅游发展机遇，大力推进乡村生态保育可持续经营改革创新，实现森林可持续经营目标，全面提高森林科学经营管理水平。

（3）乡村生态保育工作要把协助督查督办破坏森林资源案件作为第一职责。进一步健全完善与有关部门之间建立的案件报告、案件查办、联合执法、跟踪问效、信息反馈、案件曝光、案件通报、工作约谈、责任追究等一系列规章制度，使生态保育工作走向科学化、制度化和规范化。进一步加大生态保育督查工作督办案件的追责力度，确保案件依法及时查处，做到件件有着落、事事有回音。

（4）乡村生态保育工作要把提升监督检查的执行力作为根本手段。进一步创新工作理念，转换思维方式，提高监督检查实效。以事实和数据说话，把各项检查核查发现的问题，全部列入督查督办破坏森林资源案件清单，对所有违法问题，要逐项督办整改，真正做到发现一起，查处一起，绝不姑息。

（5）乡村生态保育工作要严格对山水、林地、湿地红线的监管。国家林业部门在乡村自然生态系统中划定了山水、林地和森林、湿地、荒漠植被、物种保护“四条生态红线”。做好山水、林地湿地保护管理和使用情况的监管，建立山水、林地湿地红线保护“约谈制度”和“挂牌制度”。对在山水、林地、湿地保护管理中存在问题（包括卫星图片判读出来的问题）的乡村党政领导实行约谈措施，提出黄牌警告；对造成山水、林地、湿地重大损失的乡村出示红牌，依法严厉查处当事人，并追究相关领导的责任。在案件处理上，要做到“三不放过”，即对责任人没有依法处理到位不放过，领导责任没追究到位不放过，整改措施不落实到位不放过。决不允许有案不立、有案不查、大事化小、小事化了、以罚代刑、以罚代管现象发生，对破坏资源山水、林地案件要实行零容忍，对破坏山水、林地资源的行为始终保持高压态势。

（6）乡村生态保育工作要严格针对森林经营质量的监管。森林经营的目的是保育健康稳定的森林生态系统，提高森林质量，加快森林保育速度。树立以保育森林资源为目的的森林经营理念，进一步强化对森林经营全过程的监管，全面加大森林抚育力度，重点解决好中幼林密度过大、枯损严重、生长受阻等问题，着力提高森林质量和山水、林地生产力，促使森林资源从单纯品种数量增长型向生态质量提升型转变。

（7）乡村生态保育工作要继续突出“四项监督”。即突出对经营行为的监督，突出对企业法人的监督，突出对重大问题的监督，突出对征占、使用山水、林地的监督。做到“踏石留印、抓铁有痕”。对热点问题要强力查办督办，以刚性化的监督手段和打击措施，坚决遏制破坏森林资源违法犯罪行为的蔓延。

（8）乡村生态保育工作要严格履行森林资源保育服务职能，同时生态保育工作也要积极为乡村振兴转变发展方式搞好服务，生态保育工作实现“四个转变”，即实现保育重心从宏观保育向微观保育与宏观保育并重转变，监督关口从事后查处向事前预防、事中整改转变，监督内容从单纯以监督为主向监督、管理、服务并重转变，监督手段从被动应付向主动监督、科学监督转变。乡村生态资源保育工作还要突出“三个重点”：一要突出重点项目建设的监督；二要突出重点区域环境污染情况监督；三要突出重点对象侵占山水、林地行为和环境污染问题。

加强生态资源保护，必须长期履行的法定职责，是历史赋予我们的神圣使命。乡村景观生态资源的保育要坚决认真学习上级会议精神，按照会议绘制发展蓝图，树立坚定不移地保护森林资源、生态资源和生态安全的信心，把思想统一到生态建设上来，把行动统一到资源保护上来，坚持问题导向，依法依纪，把绿水青山保护好。让乡村积极行动起来，不忘初心，牢记使命，共同携手，在乡村生态资源管理常态化、科学化、红线化、打击犯罪刚性化的立体格局中，为开创新时代乡村景观生态资源保育工作新局面奋力向前。

# 第一节　天高气爽的乡村自然景观生态资源

## 一、乡村天象景观生态资源

天象景观是日月星辰等天体在宇宙间分布和运行时所产生的现象，如日出、日落、满月、残月、流星等生态资源造就了变幻莫测、虚无缥缈，具有色彩美、动态美的观赏价值。乡村天象自然景观别有一番风味，其中日出日落和月光的阴晴圆缺等美妙景观早已为世人所共识，通常可选择最佳时间和地点进行观赏。观日出以秋高气爽的晴朗凌晨为最佳时间，海滨或山峰为最佳观赏地。而月到中秋分外明，江河湖池等平静水域及高山之巅观月效果最佳。

南屏晨曦

朱自清在《荷塘月色》一文中，对月色下乡村荷塘之景有一段经典描写：“月光如流水一般，静静地泻在这一片叶子和花上。薄薄的青雾浮起在荷塘里。叶子和花仿佛在牛乳中洗过一样；又像笼着轻纱的梦……月光是隔了树照过来的，高处丛生的灌木，落下参差的斑驳的黑影，峭楞楞如鬼一般；弯弯的杨柳的稀疏的倩影，却又像是画在荷叶上。塘中的月色并不均匀；但光与影有着和谐的旋律，如梵婀玲上奏着的名曲。”树影与月光交织，构成了一幅黑白相间的优美乡村荷塘月色图，使人感受到诗一般美的意境。

## 二、乡村气象景观生态资源

广袤的中华大地从北到南处处显示出不同的风采，“骏马秋风塞北，杏花春雨江南”，从北国的冰天雪地到南国的四季如春，温度是造成气候差异的最重要因素。气象指的是大气层中发生的大气物理现象和物理过程的总称。包括云、雨、风、霜、雾、雪、雷、电、光、霞、虹等。当大气层中各种物理现象和物理过程，与其他景观叠加在一起时，就会形成或美丽、或壮观、或奇特的奇妙现象，产生独具特色的美感，这种现象我们称为乡村气象自然景观生态资源。

乡村地域辽阔，天空澄净而高远，空气清新而明朗，独特而美丽的乡村气象景观，能够引起人们进行审美与游览活动，带给人民不一样的审美体验。常见的乡村气象景观，有云雾、冰雪、彩虹、雾淞、雷电、霞光、阴霾，以及在特定环境和地域条件下由气象因素而引起的云海、雨带、雷区、风区、雪域、梅雨、雨汛等生态景观。杜牧在《江南春绝句》中写道：“千里莺啼绿映红，水村山郭酒旗风。南朝四百八十寺，多少楼台烟雨中。”千里江南，莺歌燕舞，有相互映衬的绿树红花，有临水的村庄，有依山的城郭，有迎风招展的酒旗。那昔日到处是香烟缭绕的寺庙，那沧桑矗立在朦胧烟雨中的亭台楼阁，美丽如画的江南自然风景和烟雨蒙蒙的人文景观结合起来，让无数后人为之倾倒。气象景观和乡村人文景观交织起来，给人们带来了千变万化的视觉体验和意境感受。

云海中忽隐忽现的远山

除了欣赏烟雨蒙蒙的乡村雨景之外，在乡村还能领略“听雨如瀑”“闻雪若玉”的清韵雅趣的听觉体验。北宋文学家王禹偁被贬为黄州刺史时，在黄冈城门外西北角修建了一座竹楼，远离喧嚣，独处静观：“夏宜急雨，有瀑布声；冬宜密雪，有碎玉声。宜鼓琴，琴调虚畅；宜咏诗，诗韵清绝；宜围棋，子声丁丁然；宜投壶，矢声铮铮然；皆竹楼之所助也。”王禹偁在竹楼上可观山水、听急雨、赏密雪、鼓琴、咏诗、下棋、投壶，极尽人间之享乐；可手执书卷，焚香默坐，赏景、饮酒、品茶、送日、迎月，尽得谪居的胜概，亦是乡村独特风光和雅趣。

## 三、乡村水域景观生态资源

水乃“万物之源”，它维系着地球上的一切生命，也是乡村最具有动感、活力与灵气的自然景观生态资源。古人云，“山得水而活，水依山而幽”，山水景是乡村景观生态资源的主体，其中乡村水域景观类型丰富，主要表现为大海、湖泊、河流、溪涧、沼泽、冰川等。王维的“明月松间照，清泉石上流”表现出水的清幽，白居易“日出江花红胜火，春来江水绿如蓝”诠释了水的明艳；杨万里的“泉眼无声惜细流，树阴照水爱晴柔”描绘出水的柔情，李白的“飞流直下三千尺，疑是银河落九天”又体现出水的壮阔。无论什么样的水景，在它充满热情的流动中，你总能感受到藏于自然中的乡村趣味。水的流动还伴随着各种各样的声音，潮水的击岸声、河溪的潺潺流水声、瀑布的轰鸣声、泉流的淙淙声等。梁太子萧统说：“何必丝与竹，山水有清音”使我们闭上眼睛也可以感受到大自然的美妙。可见，水域景观形态优美，能够营造丰富的视觉景观效果，是乡村景观生态资源中具有较强可塑性的部分。

**图 1-13　湖边祭祀**

## 四、乡村地形地貌景观生态资源

地形地貌自然景观是由与地貌相关联的气候、土壤、植被等地表生态资源要素组成的自然地域综合体。“一方水土养一方人”，不同的地貌景观能够孕育不同的聚落景观。我国幅员辽阔，从东部海岸、丘陵到中部峡谷、山地再到西部高原雪山、沙漠戈壁，从海南海滩、岛礁到广西峰林、溶洞再到壮阔的黄土高原、旖旎的草原河曲，这些引人入胜的地貌景观资源在旅游景观中占据着十分重要的地位。地貌景观生态资源是乡村旅游景观的基本骨架和宏观背景，它不仅形成了乡村景观的空间特征，而且对乡村人文景观也产生了很大的影响。

宋代诗人苏轼曾在《题西林壁》中写道：“横看成岭侧成峰，远近高低各不同。不识庐山真面目，只缘身在此山中。”可见地貌景观给乡村旅游增色不少。“丹霞夹明月，华星出云间。”丹霞地貌是湖南标志性的地质旅游景观，其数量多、类型较全、品位独特，以万佛山、飞天山、石牛寨、便江等为典型代表。在这众多丹霞地貌中，通道县万佛山，这个亚洲最大的丹霞峰林无疑是一颗闪耀的明珠。万佛山丹霞景观区位于怀化市通道县东北，以密集型尖锥状峰林、峰丛发育典型见长，是国家森林公园和国家级风景名胜区，总面积 100.83 平方公里。世界自然保护联盟专家罗伯特·瑞考察万佛山时曾感言：“红层地貌形成尖锥状峰林峰丛，且分布着大面积湿地，植被覆盖率如此之高，全世界只有亚洲有，亚洲只有中国有，中国只有万佛山有。”在这里，一座座山峰像罗汉罗列而坐，四面峭壁如同刀削过一般，壮硕魁伟，直刺苍穹。景区融幽、险、秀、奇为一体，观赏价值极高。

### 五、乡村动植物景观生态资源

动植物景观生态资源的特征之一就是“人类与自然和谐共处”。换句话说，在人类生活生产活动中，尽可能使生物物种得到最大程度的丰富，动植物景观展现了完整的乡村景观生态资源系统，在此生态系统中四季分明、季相丰富的植物群落和野生动物是乡村景观意境的重要构成要素，也是乡村景观生态资源的核心建设之一。大量的动植物景观生态资源往往是乡村区别于城市景观的特色型景观，如热带乡村的动植物、亚热带乡村的动植物、高山草甸乡村的动植物、丘陵山区乡村的动植物、湖区平原乡村的动植物等。动植物的种群、色彩、芳香、姿态、风韵等都随着季节不同而变化，可以是规格整齐的单一景观也可以是交错相间的多元景观，对表现出乡村风光自然纯朴的主题特质，增添了乡村景观的生动性。

动植物景观则是乡村旅游景观中极富生气和活力的部分，如“狗吠深巷中，鸡鸣桑树颠”“两个黄鹂鸣翠柳，一行白鹭上青天”“泥融飞燕子，沙暖睡鸳鸯”“稻华香里说丰年，听取蛙声一片”“春江水暖鸭先知”等，都已成为了旅游乡村自然景观的亮点。

## 第二节　地大物博的乡村人工景观生态资源

中国是一个地大物博的农业国家，广袤的农村聚集了大约 70%的生态资源，有很多美丽乡村坐落于祖国的千山万水之间，每一个具有自己独特之美的村落，是我们每一个中国人心中的向往。有的村庄或宏大，或秀美，或以某动植物资源闻名于世。那心醉的乡村风光，如空气养人心脾，如山水润泽心灵，令人神往。地大物博的乡村景观生态资源泛指乡落景观和农业生产景观等生态资源。如安徽省黟县宏村和西递川媚山秀，气候宜人，湖光山色，村落景观与生产景观于一体，被艺术家赞誉为“中国画里的故乡”。它们都是古村寨聚落景观的典型代表，那里的明清古建群是我国徽派建筑艺术的典型代表，被国内外专家学者称为“中国传统文化的缩影”“中国明清民居博物馆”。中国是世界上最大的发展中国家，也是人口多耕地少、资源相对匮乏的国家之一。中国农业发展有史以来就为世界科学家称道。18 世纪瑞典生物学家林奈曾赞扬过中国的农业；19 世纪著名生物学家达尔文

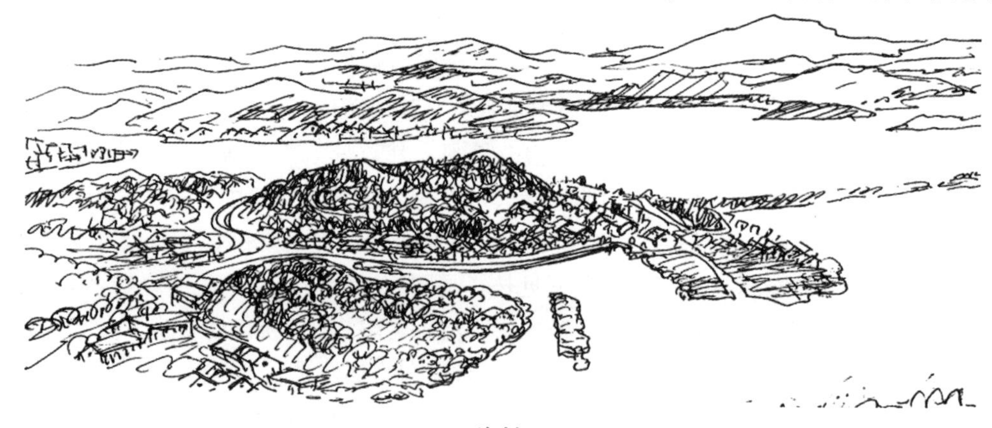

渔村

认为中国最早提出了选择原理；德国农业化学家李·比希认为中国古代对有机肥的利用，是人类的一大进步。新中国成立后，特别是改革开放以来，农业科技取得了一系列重大突破，杂交育种、土壤培肥、生物防治、高产栽培、多熟种植等技术处于世界领先或先进水平。农业科技进步对农业的贡献率从“一五”期间的20%左右，上升到“九五”末的45%。农业科技的巨大进步和贡献率的提高，使农业综合生产能力不断增强，粮食生产已基本稳定在4.8亿吨和肉类6000万吨的水平。

## 一、乡村聚落景观生态资源

“聚落”一词在古代指村落，如中国的《汉书·沟恤志》的记载：“或久无害，稍筑室宅，遂成聚落。”近代泛指一切居民点，是人类各种形式的聚居地的总称。聚落不单是房屋建筑的集合体，还包括与居住直接有关的其他生活设施和生产设施。乡村聚落的形态、分布特点及建筑布局构成了乡村聚落景观丰富的内涵，分为集聚型（团状、带状、环状村落）、散漫型（点状村落）、特殊型（帐篷、土楼、窑洞、渔村）三种类型。

新农村

乡村聚落又称乡村居民点，是指乡村地区人类各种形式的居住场所（即村落），包括所有的村庄和拥有少量工业企业及商业服务设施，但未达到建制镇标准的乡村集镇。乡村聚落景观是旅游者休闲、体验、食宿的核心场所，以人文景观为主，主要由乡村聚落布局、乡村建筑景观、街道弄巷以及公共节点景观构成。乡村聚落包括农舍、牲畜棚圈、仓库场院、道路、水渠、宅旁绿地，以及特定环境和专业化生产条件下的附属设施等乡村民居建筑。小村落一般无服务职能，中心村落则有小商店、小医疗诊所、邮局、学校等生活服务和文化设施、乡村民居建筑，不但能给游人以奇趣，而且还可为游客提借憩息的场所。不同风格的民居，给游客以不同的精神感受。

### （一）乡村建筑景观生态资源

传统乡村建筑形式多以地方特色建筑形式为主，且建筑材料多以当地的石材、木材为主，房屋稀疏，大多设置房前屋后的庭院有园艺绿化景观生态资源，根本上有别于城市建筑。近年来，在宅基地政策影响下，村民拆除旧房后再自建新房，传统的平房庭院模式开始逐渐走向解体。许多乡村开始建起了模仿外来西式洋房的风格，楼房式农民公寓一夜间开始出现。尽管不同类型的乡村有着不同的经济发展模式，但从总体来看，农村的新房居住模式却十分接近。大多数有了两至三层小楼房，人均面积增加了，卧室搬到了楼上，住房空间布局采光通气日趋合理。随着钢筋水泥、砖瓦等建设材料的大量普及，过去大部分乡村具有的大部分建筑地方特色逐渐衰退，部分兼具休闲、旅游、体验、食宿、教育等多重功能的建筑风格各异，成为乡村景观生态资源新的亮点，吸引游客前往。

（二）街道弄巷景观生态资源

街道巷弄为构成乡村景观生态资源的重要元素，不但是乡村基本的交通网络，对乡村景观变化有着直观反映，更是旅游者游览观光的主要路线。街道巷弄的设计、布局、命名都具有重要作用。游览者首先映入眼帘的就是村口，再由村口进入街道，由街道转入巷弄，通到宅院，延伸至聚落空间的每个角落，形成特殊的线性景观空间。宽或窄，密或敞，远或近，实或虚，明亮或昏暗，都使乡村景观具有丰富的空间变化和视觉变化，给人带来强烈的韵律感。

街道巷弄

（三）公共节点景观生态资源

乡村公共节点空间是乡村中村民进行交往和举办各种活动的主要场所，也是游客休息集散的重要位置，主要有入口广场、戏台、商业性广场、村民公园、晒谷场、茶馆、棋牌室、旅游服务中心等，这些空间往往与街道、公共建筑、池塘等相连，共同形成外部开放空间，许多乡村聚落还以广场为中心进行布局，有的还附带绿地，形成的整体景观对乡土风貌与农家特色的形成有着重要的作用。

村落广场

## 二、乡村农业景观生态资源

乡村农业景观是以乡村自然景观为基础，在当地长期农耕生产活动以及社会、经济、文化等人文因素的影响下形成的乡村土地形态。它是自然环境和农业文化有机结合的结晶，体现乡村居民所独有的生存智慧，它还属于一种独特的农耕生态系统，反应了人和自然协调一致的内在联系，它所蕴含的自然和文化多样性是乡村旅游景观的活力源泉。

### （一）田园牧地景观生态资源

中国古代，许多文人自号归田、野夫或野士，他们追求的是一种超脱仕途的自由生活情趣，返朴归真、回归自然、亲近自然。每一个乡村都有自己专属的自然资源和社会文化，田园牧地景观是以田园为载体，以农业动植物为基础，统一农、林、牧、渔、富等要素，形成田园风光的农业景象。农业的田野、果园、草场等田园乡村景观是典型的可持续发展景观，四季分明、季相丰富的植物群落和野生动物也是田园牧地景观生态资源的重要构成要素，也是田园景观的核心建设之一。植物景观可以是规格整齐的单一景观，也可以是交错相间的多元景观，但主题要表现出田园风光自然纯朴的特质。

### （二）现代农业景观生态资源

现代农业园区是一种现代农业生产方式，为城市提供果蔬农产品、以及解决农业劳动力人口问题的多功能型现代化农业组织形式。它利用现代农业技术，开发具有较高观赏价值的作用品种园地，或利用现代化农业栽培手段，向游客展示农业最新成果。如引进优质蔬菜、绿色食品、高产瓜果、观赏花卉作物，组建多姿多趣的农业观光园、自摘水果园、农俗园、果蔬品尝中心等，满足人们精神和物质享受，吸引游客前来开展观（赏）、品（尝）、娱（乐）、劳（作）等活动的农业。在布局上，可以协调果树、蔬菜、高粱、稻田、麦田、油菜等不同农作物的色彩变化和尺度搭配。以农田的整齐韵律、果树的春华秋

田园放牧

实、苗圃的郁郁葱葱、花卉的绚丽多姿构建景观氛围。

（三）林业渔业景观生态资源

乡村林业渔业景观是指用一定面积的森林为媒介，人们进行生产活动或观赏活动中产生的，同时兼备了美感与丰富产出的景观类型，以及包括在森林水源涵养下的江河湖海、渔船、水产品等物质要素和渔民的撒网、捕捞、晾晒等生产性活动景观元素。

## 第三节　人杰地灵的乡村文化景观生态资源

乡村人文景观是人类长期与自然界相互作用的产物，它是一个能够反映乡村地区的社会、文化、历史、经济等发展状况的复杂综合体，是乡村旅游景观的核心部分，也是乡村旅游景观的灵魂和精神所在。它由乡村文化景观、乡村土产景观构成。我国民族众多，“大杂居”“小聚居”于中国这块广袤的土地上，各地乡村自然条件差异悬殊，在长期的物质和文化生活中，形成了迥然不同的生产生活方式、民俗民风、宗教信仰等。有衣、食、住、行方面的，有节庆、礼仪、祭祀方面的，也有婚姻、生育、丧礼方面的。这些风俗已经延续了千百年，成为不同民族各自保留的习惯，其中还有一些逐渐演化为中华民族大家庭的节日和风俗。民族众多使得民俗风情景观丰富多样。以婚恋嫁娶民俗为例，苗族青年男女婚前恋爱自由，通过“游方”“会姑娘”“踩月亮”等社交形式择偶；云南和四川的摩梭族人仍保留着母系社会制度和独特婚姻制度——走婚；傣族青年在开门节可以把关闭的“爱情之门”打开，通过“串普哨”寻找心爱的伴侣，互诉爱慕之情；壮族在三月三“歌圩”中，人们通过对歌、抛绣球选择佳偶。百里不同风，千里不同俗，这些为旅游者深入领略民族风情，探索农耕文明、传统文化，提供了极其丰富的源泉。另外，盛行于我国农村的踏青、赶歌、放风筝、赛龙舟、叠罗汉、舞龙舞狮、阿西跳月等各种民俗活动，吸引着游客纷纷踏上怀乡之旅、寻梦之旅，唤起他们对于乡土家园的记忆、归属、认同，具有较高的旅游开发价值。

## 一、乡村文化景观生态资源

### （一）农耕文化景观生态资源

农耕文化是中国传统文化的重要组成部分。农耕文化景观是指农民在长期的农业生产活动中逐渐形成的一种适应农业生产、生活需要的乡村文化景观集合。从先秦时期的“日出而作，日入而息，凿井而饮，耕田而食”，到列朝帝王都耕籍田、祀社稷、祷求雨、下劝农令，足以见得农耕文化在中华文明中的重要性。与农耕有关的实体景观元素，包括器具（如农具等）、植被（如草药、桑麻、茶园等）、建筑（如药池、石雕等），长时间流传下来的地方风俗等事件性元素，如春耕秋种、采藕摘茶、稻田养鱼、水车灌溉、鱼鹰捕鱼、祈福避灾等，以及通过将实体景观元素和事件性元素通过精神层面综合表达的景观意境元素，它们共同构成了农耕文化景观生态资源。地域资源与文化的不同，造成了乡村农耕文化景观构成不同，浓郁的乡土文化气息对城市居民产生了强烈吸引力，是乡村旅游重要的吸引因子之一。

### （二）民俗文化景观生态资源

所谓民俗民风就是一种传统的民间风俗和生活习惯，民族性是其重要特征之一。将民族特征引进到景观设计的理念中去，就行成了与之相对应民风民俗景观。如蒙古族等游牧民族过去逐水草而居，易于拆建转移的蒙古包成了他们最方便的住所。广袤而富饶的草原上，一座座呈圆形尖顶的蒙古包星点般散布着，雪白的蒙古包升起缕缕炊烟。“天苍苍，野茫茫，风吹草地见牛羊”——不禁让人们对《敕勒歌》所描述的以古代敕勒川为代表的内蒙古草原壮美景观心驰神往；四合院则是老北京人建筑文化的主要代表。其庭院宽敞，可在院内植树栽花，叠石造景；四面房屋独立，彼此间有游廊联接，一家一户，安逸清净。从平面布局到内部结构、装修都独具京味。以上例举，体现了民风建筑不仅以建筑的符号存在，也以景观元素的符号存在，既是建筑，又是构成民俗民风景观的重要元素。

## 二、乡村土产景观生态资源

### （一）乡土饰品景观生态资源

乡土饰品，包括用来装点居室的民间刺绣、剪纸、泥塑、挂毯、屏风、花灯、雕像、雕刻工艺等传统农作艺品。广西少数民族保留了独具特色的剪纸艺术，利用花草、动物、山水等自然景观进行创作，组成形态多样的剪纸图案，用来装饰门窗、家具、墙壁等，寓意丰富，如喜鹊寓意着喜上枝头，梅花寓意着平安吉祥，鱼意味着年年有余，石榴、葡萄等意味着多子多福。乡土饰品寄托了人民朴素的审美追求和深厚的文化内涵。

乡土饰品景观是指乡村生活中用来美化个人仪表、装点居室或美化环境的装饰用品景观。主要有乡土服饰饰品景观，如散发着浓郁乡土气息和图腾崇拜的湘西苗族银饰，具有神秘气息的云南翡翠玉石，式样多变、做工精美的壮族民间服饰等。湘西苗族姑娘胸前大多佩戴着精美的“长命锁”，上面刻有蝴蝶、花草、绣球等图案，下沿配以银铃、银片等，寓意着平安吉祥、消灾祈福……种类丰富，工艺精致、绚烂多彩的服饰文化充分显示了苗族人民的智慧和创造力。

地域与文化的不同形成了不同的乡村饰品景观，其特点是大多采用当地原材料和农作制作工艺制作而成，具有文化性、地域性、民族性、实用性和艺术观赏性等特点。这些出产于我国广大农村民间工艺品就地取材，尽物之美、得物之趣，因而倍受游客青睐。如陕西凤翔彩绘泥塑，江苏盐城老虎鞋，山东潍坊年画，安徽芜湖铁画，四川怀远藤编，贵州蜡染，潮州抽纱，常熟花边，以及各种风筝、空竹、糖塑、彩塑、木雕、石雕、竹刻、竹编等，多反映特定地域的自然风貌和风土人情，充满了浓郁的乡土文化气息，是当地民俗风情、审美情趣的体现。

安吉鲁村民俗展品

## （二）乡土食品景观生态资源

民以食为天。乡村食品景观是指在农村地区，利用当地特有的农产品所制作的乡土风味食品，保留着原汁原味的乡土风味和鲜明的地方特色，是乡村所创造的物质财富和精神财富的一种文化表现。主要包括以小吃为主的市井饮食，日常烹饪的民间饮食，具有少数民族特色的民族饮食。一方水土养一方人，受到地域、环境、物产、宗教制约，各民族人民形成了不同的饮食习俗和偏好。以特色菜肴为例，如满族的萨其玛，蒙古族的烤全羊、手扒羊肉，维吾尔族的馕（烤饼）、手抓饭，朝鲜族的泡菜，回族的肉夹馍、羊杂碎汤，藏族的酥油等，最终形成了独具特色的民族饮食文化。

## （三）乡土用品景观生态资源

乡土用品景观主要包括乡村传统的生产生活用具，如箬笠蓑衣、水瓶、油盏、竹制菜橱等，以及生产工具如铁锹铁耙、木犁、水车、磨子石臼、纺车布机等。这些传统用具曾经是乡村生活赖以生存的物质基础。钉齿耙用来耙整耕翻过的泥块，水车用来汲水灌溉，饭萝用来存放剩饭，织布机用来家庭纺织……不禁让人产生对昔日农家生活的追思。而今随着生产力快速发展，城镇化进程的加快，这些乡土用品有很大一部分已经悄然从乡村生活中淡出，他们不仅是生活器物，更是一种传统民俗风情，是男耕女织、日出而作日落而息传统农耕生活的历史写照，无声记录着时代变迁的印记。

# 第二章

# 乡村景观生态资源环境保护现状

## 第一节　乡村景观生态资源环境存在哪些问题

改革开放以来，我国农民的收入有了明显提高，居住条件得到不断改善，随着城市环境的日益改善，乡村景观生态资源环境问题虽然也在逐步的解决，但是在以下几个方面仍然存在问题：

### 一、乡村景观生态资源破坏亟待修复

现在乡村景观生态资源破坏有了很大程度的控制和改善，但情况仍然不容乐观，生态环境还没有得到全面修复，挖山建房破坏山体，水域污染，空心村的生态资源浪费比较严重。

挖山建房

水源污染

### 二、农村面源污染尚未根治

#### （一）大量肥料农药污染

近年来我国不少江河湖泊出现了不同程度的富营养化，被有机农药污染的水难以净化，威胁人类饮用水的安全。

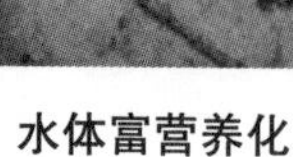

水体富营养化

废水污染

（二）畜禽养殖污染不断加剧

畜禽养殖场排放不仅带来地表水的污染和水体富营养化，而且能产生大的恶臭污染和地下水污染，其中所含病原体也对人群健康造成了极大威胁。

（三）乡村生活污染和工业转移负效应

全国乡村每年产生生活垃圾约 2. 8 亿吨，生活污水约 90 多亿吨，人粪尿年产生量为 2. 6 亿吨，绝大多数正在处理，有所改变。工业入驻也使得迁入企业在短时间内无法完善环境保护设施的建设，乡村旅游垃圾在农村聚集、散落，也带来的环境污染问题。

著名景点村落生活污水

著名景点村落生活垃圾

（四）土壤污染

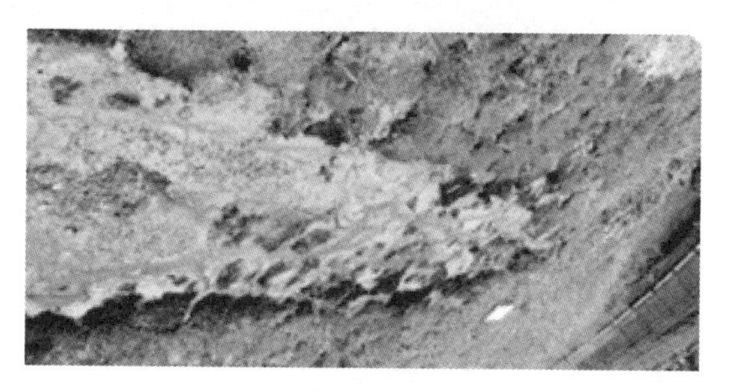

土壤污染

土壤污染被称作“看不见的污染”，包括水污染、大气污染在内的环境污染 90%最终都要归于土壤。土壤污染日趋严重，耕地、城市土壤、矿区土壤均受到不同程度的污染，而且土壤的污染源呈多样化的特点。土壤污染的总体形势相当严峻，已对生态环境、食品安全和农业可持续发展构成威胁。

（五）农膜污染

由于塑料农膜是一种由聚乙烯加抗氧剂、紫外线而制成的高分子碳氢化合物（ 聚氯乙烯），具有分子量大、性能稳定的特点，在自然条件下很难降解，在土壤中可以残存 200~400 年。据农业部调查显示，我国农膜残留量一般在 12~18 千克/亩*。总残留量为 30 多万吨，占农膜使用量的 40%左右。

### 三、农村居民环保意识与习惯欠缺

主要是在农村经济建设中忽视了对农民的严格的环保教育和管理，生活中习惯随意乱丢垃圾、排放废水的现象依然可见，对环境保护没有使命感和责任感。村部配合国家政策做好理论宣传，对农村环境问题、农民环保行为不断重视，是改变农民环保意识低下，提高村民素质首要途径。现在乡村基础设施建设正在完善之中，但却决定不了环境保护的成效。如果我们还是一味追求农村经济指标，忽视环境基础设施的改善和保护，原本就落后的农村管理，仍然会制约农村环境的改善和村民健康水平的提高。

## 第二节　乡村景观生态环境中的污染物及危害情况

### 一、大气污染

大气污染对农业生态环境的影响和危害是人们极为关注的问题，已成为工业“三废”之首。各种形式的大气污染达到一定程度时，直接影响农作物、果树、蔬菜、饲料作物、绿化植物的正常生长；畜禽因摄入含污染物过多的饲料后，致病或死亡。大气污染物进入农业环境后，不仅直接影响农业生产，进入农用水域和土壤的污染物又间接危害植物、动物及微生物的生长。据不完全统计，目前被人们注意到或已经对环境和人类产生危害的大气污染物大约有 100 种左右。

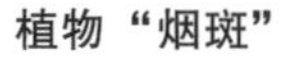

植物“烟斑”

植物二氧化硫危害

---

* 1 亩≈667 平方米

氟化氢污染

氟化氢指示植物——唐菖蒲

臭氧污染

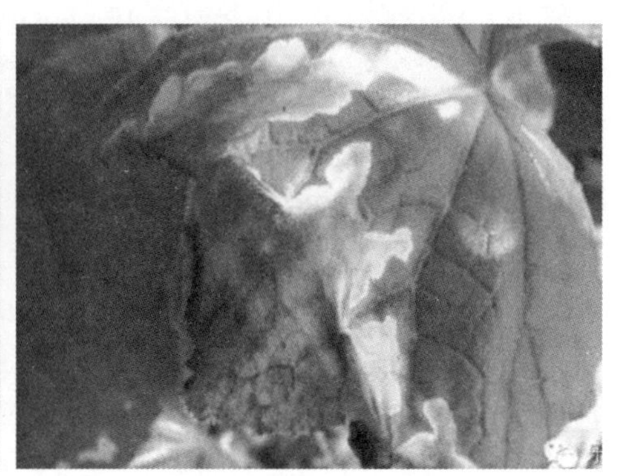

氮氧化物引起水渍样

镉污染水果

田地重金属污染

## 二、固体废弃物

乡村固体废弃物是指产生在农业生产生活中的固体废弃物，其包括了乡村生活垃圾、农业废弃物，畜牧养殖废弃物、林业废弃物、渔业废弃物、乡村建筑废弃物等多个方面。乡村固体废物的处置方式仍然是堆放，缺乏合理的收集和处理处置系统。种植业初级固废除少量有利用价值且易于收集的部分作为饲料、烧柴利用外，其余大部分都堆放于田间地头和路边。生活垃圾运转箱放置路口臭气熏天，不可降解的无机物长期存在，而易腐的有机部分在腐败菌作用下降解，产生渗滤液，是蚊蝇、细菌、病毒的孳生繁衍场所，直接或间接的重要污染了环境。养殖业的迅速膨胀，畜禽养殖业产生的大量污水、粪便，局部地区难以用传统的还田方式处理，因此对环境、饮用水源和农业生态造成了巨大危害。随意丢弃和无控焚烧，对人类健康和周围动植物的生态环境造成严重危害。塑料在土壤中降解需要很多年。农膜的增塑剂邻苯二甲酸二异丁酯溶出后渗入土壤，对种子、幼苗和植株生长均有毒害作用，影响作物生长发育，导致作物减产。废塑料还有携带细菌、传染疾病等危害。土壤中的残存地膜降低了土壤渗透性，减少了土壤的含水量，削弱了耕地的抗旱能力，影响土壤孔隙率和透气性，使土壤物理性能变差，最终导致减产。同时对土壤中的有益昆虫如蚯蚓等和微生物的生存条件形成障碍，使土壤生态的良性循环受到破坏。

河道垃圾成堆

养殖业污染

种植业固体污染

渔业用塑料污染

## 第三节　乡村景观生态资源环境保护与开发治理方式

### 一、减轻大气污染对农业危害的防治措施

我国大气污染属煤烟型污染，主要污染物为烟尘和二氧化硫。这与我国能源结构以煤炭为主，工业布局不合理，燃烧器陈旧，工艺落后，能耗高等特点有关。因此要减轻大气

污染对农业危害的防治，从地区和国家分析，应首先从整体考虑，从污染源产生的源头采取措施考虑，如改用清洁能源，改革生产工艺，减少废气排放。其次，全面规划、合理布局，根据污染源、污染物种类，合理布局农业结构、种植制度和种植方式，选有优良抗污染作物品种，开展植树造林等综合防治措施；第三，对已有污染物采用末端控制治理技术。具体治理措施如下：

### （一）选育栽培抗污染优良作物品种

在工矿企业周围推广抗污染优良品种，搞好作

物布局、品种搭配，以减轻或避免大气污染对农作物的危害。

### （二）绿化造林，利用生物净化功能

大量植树造林阻止污染物传播，也可吸收污染物，杀死细菌，吸滞尘埃，从而起到净化作用。像 1 公顷柳杉林每年可吸收二氧化硫 720kg；云杉、松树能降尘达几十吨之多。其次，一些植物对某种污染有特殊的敏感，能起指示作用。如葛兰这种植物，在氟污染达 5μg/L 时，就会发生叶片受损、枯萎症状。虽然氟含量超过 800μg/L 时才对人有害，可是葛兰的这种反应可以提醒我们防患于未然，这时只要采取措施，完全可以防止污染进一步扩大。

### （三）对污染物进行处理

如将燃烧石油改为燃烧媒，可以大大减少氮氧化物的排放。燃烧的煤须经过脱硫，并用高效的燃烧方式，以减少二氧化硫及粉尘的排放。选用无氨氟烃的制冷剂，尽快淘汰氧氟烃的使用。

### （四）运用新能源技术

对于改善大气污染起着巨大的作用。如可以以氢气作为新能源而代替燃煤，这就消除了一个很大的二氧化硫污染源；可以用洁净的燃料使汽车的发动机工作，这就消除了尾气中二氧化碳以及碳氧化合物的污染；研制可代替氯氟烃的制冷剂，就能减少对臭氧层的破坏等。

## 二、农业水环境污染的控制

### （一）完善法律法规，加强监管

各级政府应把治理农业面源污染提高到议事日程，通过制定相关政策和法规，加强管理，推进农用化学物质的合理利用，控制农药、化肥中对环境有长期影响的有害物质的含量，控制规模化养殖畜禽粪便的排放。建立健全面源污染的检测、研究机制，为更有效地防治面源污染提供科学的理论依据。实现农业生产发展、农民增收与农业环境保护的“三赢”。

### （二）加大宣传力度，增强环保意识

基层农技推广人员及广大农民普遍存在对能产生面源污染的隐性污染源问题缺乏足够认识，这是防治农业面源污染的最大障碍。通过加大宣传，提高人们，特别是广大农民对面源污染的认识，引导农民科学种田、科学施肥、喷洒农药等，尽量减少由于农事活动的

不科学而造成的资源浪费和环境中残余污染物的增加。

### （三）推进农用化学物质的合理利用

规范农药、化肥、农膜等可产生污染的化学物质的应用种类、数量和方法。严格农药登记管理，调整农药产品结构，开发、推广应用高效、低毒、低残留农药新品种，推广农药减量增效综合配套技术，组织开展生物防治，推广使用生物农药，全面停止使用高毒、高残留农药；采取化学生物物理措施综合防治作物病虫害。推行平衡施肥技术，改善化肥施用结构，调配各元素营养比例，改变氮、磷、钾比例失调或营养单调的局面；研究应用合理的耕作制度，提高化肥利用率，减少化肥流失；扶持作物专用肥、复合配方肥等优质、高效肥料产品的应用。增强破废地膜的回收与管理，防止破废地膜在土壤中积累；加快可降解地膜的研究开发和应用生产速度。

### （四）实现畜禽排泄物资源化利用、减量化处置

合理规划畜禽养殖规模和布局，妥善处理大中型禽畜养殖场粪便，开发研究或引进先进的禽畜排世物综合利用技术与设备，加工成高效有机肥或转化为沼气等，促进废弃物的资源化、多样化综合利用。对规模化养殖业制定相应的法律法规，提倡“清污分流，粪尿分离”的处理方法。在粪便利用和污染治理以前，采取各种措施，削减污染物的排放总量。

## 三、乡村生活垃圾合理化处置

目前，我国乡村生活垃圾处理主要采用的技术方法有：填埋、焚烧和堆肥等。目前乡村生活垃圾处理的三种方式并没有哪一种完全得到相关专家和行业人士的认可，这主要是由当前乡村的经济发展水平、生产生活方式和居住环境的区别所决定的。因此，垃圾的处理方式应该因地制宜，根据当地的实际情况采取最佳的处理方式，处理的最终目标是乡村生活垃圾的减量化、资源化、无害化。

### （一）乡村生活垃圾的收集和运输

要建立乡村生活垃圾的处理系统，首先必须考虑到乡村生活垃圾的收集和运输。乡村根据其经济发展和行政范围可以分为两类：一类是经济还比较落后，生活尚不发达的村定时定点集中收运；另一类是经济比较发达的镇，其垃圾收集、运输系统可以采用与城市生活垃圾相近的模式。聘请有关专家，制定本乡镇发展生活垃圾处理处置规划，并根据处理方案，制定最优的收集方案，必要时候可与邻近的乡镇联合起来建立联合收集运输系统。

### （二）乡村生活垃圾处理的常规技术

1. 垃圾填埋、垃圾焚烧

是对环境再次污染，甚至是严重污染。其所谓的技术应该全部淘汰。只有全面教导居民进行垃圾分类，严格管理执行的唯一出路。

2. 堆肥

乡村生活垃圾中有机组分（厨余、瓜果皮、植物残体等）含量高，可采用堆肥法进行处理。堆肥技术是在一定的工艺条件下，利用自然界广泛分布的细菌、真菌等微生物对垃

圾中的有机物进行发酵、降解使之变成稳定的有机质，并利用发酵过程产生的热量杀死有害微生物达到无害化处理的生物化学过程。按运动状态可分为静态堆肥、动态堆肥以及间歇式动态堆肥；按需氧情况分为好氧堆肥与厌氧堆肥两种。其中与厌氧堆肥相比，好氧堆肥周期短、发酵完全、产生二次污染小但肥效损失大、运转费用高。

3. 综合利用

综合利用是实现固体废物资源化、减量化的最重要手段之一。在生活垃圾进入环境之前对其进行回收利用，可大大减轻后续处理处置的负荷。综合利用的方法有多种，主要分为以下四种形式：再利用、原料再利用、化学再利用、热综合利用。在乡村生活垃圾处理过程中，应尽量采取措施进行综合利用，以达到垃圾减量化、保护环境、节约资源和能源的目的。根据乡村生活垃圾的特点，建议乡村垃圾应分类收集，分类处理。

### （三）乡村生活垃圾处理新技术的发展

1. 蚯蚓堆肥法

蚯蚓堆肥是指在微生物的协同作用下，蚯蚓利用自身丰富的酶系统（蛋白酶、脂肪酶、纤维酶、淀粉酶等）将有机废弃物迅速分解、转化成易于利用的营养物质，加速堆肥稳定化过程。蚯蚓种类繁多，但应用于生活垃圾堆肥处理的主要集中在蚯蚓科和巨蚓科的几个属种，其中应用最广的是赤子爱胜蚓。用蚯蚓堆肥法处理乡村生活垃圾工艺简单、操作方便、费用低廉、资源丰富、无二次污染，而且处理后的蚓粪可作为除臭剂和有机肥料，蚯蚓本身又可提取酶、氨基酸和生物制品。蚓粪用于农田对土壤的微生物结构和土壤养分可产生有益的影响，提高作物（如草莓）的产量和生物量，以及土壤中的微生物量。蚯蚓堆肥法具有的上述优点，使该技术在乡村地区的应用具有广阔的前景。

2. 太阳能生物集成技术

该技术是利用生活垃圾中的食物性垃圾自身携带菌种或外加菌种进行消化反应，应用太阳能作为消化反应过程中所需的能量来源，对食物性垃圾进行卫生、无害化生物处理。在处理过程中利用垃圾本身所产生的液体调节处理体的含水率，不但能够强化厌氧生物量，而且，能够为处理体提供充足的营养，从而加速处理体的稳定，在处理过程中产生的臭气可经脱臭后排放。当阴雨天或外界气温较低时，它能依靠消化反应过程中产生的能量来维持生物反应的正常进行。可堆腐物转变为改良土壤的有机肥料。处理完成的食物性生活垃圾体积减少80%以上，并可产生生物肥腐熟性有机物，作为有机肥使用，既可大幅度减少乡村生活垃圾的清运量，又可变废为宝，使资源得到再生利用。

3. 高温高压湿解法

乡村生活垃圾湿解是在湿解反应器内，对乡村生活垃圾中的可降解有机质用湿度为433~443K、压力为0.6~0.8MPa的蒸汽处理2小时后，用喷射阀在20秒内排除物料，同时破碎粗大物料并通过年蒸汽，再用脱水机进行液固分离。湿解液富含黄腐酸，可用于制造液体肥料或颗粒肥料。脱水后的湿物料可用干燥机进行烘干到水分小于20%，过筛，粗物料再进行粉碎。高温高压湿解的固形物质可作为制造有机肥的基料，湿解基料富含黄腐酸。

4. 气化熔融处理技术

该技术将生活垃圾在450~600℃温度下的热解化和灰渣在1300℃以上熔融两个过程有机地结合起来。生活垃圾先在还原性下热分解制备可燃气体，垃圾中的有价金属未被氧化，有利于回收利用。同时垃圾中的铜、铁等金属不易生成促进毒性物的形成，熔融渣被高温消毒可实现再生利用，同时能最大限度地实现垃圾减容、减量。

气化熔融处理技术具有彻底的无害化、显著的减容性、广泛的物料适应性、高效的能源与物资回收性等优点，但要求乡村生活垃圾必须具有较高的热值（大于6000kJ/kg）。随着乡村生活水平的提高，生活垃圾热值也在提高，在未来乡村生活垃圾的处理中该技术将占一席之地。

## 四、土壤无机毒物污染修复技术

### （一）物理修复技术

1. 改土法

改土法包括客土、换土、去表土、深耕翻土等措施，是通过工程措施把污染土壤换走或向污染土壤中加入大量干净土壤，或仅通过深翻土壤等措施，来达到消除或降低耕层土壤重金属含量的目的。一般适用于土层深厚且污染较轻的情况或污染重、面积小的地区。这类方法具有效果彻底、稳定等特点，在日本曾得到了成功的应用，但需大量人力、物力、投资大，且存在二次污染问题。

2. 电动修复

电动修复是在污染土壤外加一直流电场，利用电解、电迁移、扩散、电渗以及电泳的作用使重金属向电场的一个电极处聚集，经工程化的收集系统收集起来进行集中处理，以达到清除污染土壤中重金属并加以回收的目的。该技术最先由美国路易斯安那州立大学提出，随后得到迅速发展，目前该技术不仅对污染土壤中汞、铅、铬的去除效果很好，还可应用于铜、锌、镍和镉等污染土壤的修复，特别是治理孔径小、渗透系数低的密质土壤的有效方法，并已进入商业化阶段。电动修复具有能耗低、修复彻底、经济效益高等优点，是一门有较好发展前途的绿色修复技术，但对大规模污染土壤的就地修复操作难度较大。

3. 热处理技术

修复受挥发性废物如汞污染的土壤。原理是向土壤中通入热蒸气或用射频加热等方法将挥发性废物从土壤中解吸出来，集中收集并处理。美国一家公司已成功应用该技术进行现场治理，治理后土壤中汞的质量浓度降到了背景值（1mg/L）以下，并开始了商业化服务。但整体技术难度较大、能量消耗大、费用较高、土壤结构易遭破坏，且会造成二次污染，目前在我国尚未应用。

4. 固化稳定技术

固化稳定技术一方面是利用化学方法降低重金属在土壤中的可溶性和可提取性的同时，采用某种黏合剂（如水泥和硅土等）将污染土壤中的重金属加以固定；另一方面是实施前在土壤中埋入金属或石墨等导电材料，利用电导产热原理给污染土壤升温使之熔化，自然冷却后凝固成玻璃状结构，或将污染土壤与废玻璃或玻璃组分二氧化硅、氧化钙等一起在高温下熔融，冷却后形成稳定的玻璃态物质。这一技术已经成功应用于小规模实验中铅或铬污染土壤的修复。不过技术相对比较复杂，成本高，应用受到限制。

5. 隔离包埋技术

隔离包埋技术，是采用物理方法将重金属污染土壤与其周围环境隔离开来，减少重金属对周围环境的污染或增加重金属的土壤环境容量。常用的材料有钢铁、水泥、皂土或灰浆等。

### （二）化学修复技术

1. 化学改良法

是通过向土壤中投加各种改良剂，从而调节土壤酸碱度和化学组分，控制反应条件，使重金属的生物有效性或毒性降低的一种化学方法。第一是通过向土壤加入起沉淀作用的物质（如石灰、钙镁磷肥、羟基磷灰石、磷灰石、水合氧化锰、含硫物质等），使土壤中的重金属（如汞、镉等）生成氢氧化物沉淀或难溶性磷酸盐。第二是通过向土壤中加入阳离子交换量大、吸附能力较强的物质（如膨润土、天然铁锰矿物、海泡石、沸石等）来钝化土壤中的 Cd 等重金属，效果较好。第三是根据重金属元素之间的拮抗作用，通过向土壤加入一些对人体没有危害或有益的金属元素，减轻目标重金属的毒性。但这些措施不能治本，重金属仍滞留于土壤中，对土壤有一定的破坏作用。

2. 土壤淋洗法

淋洗法是用淋洗液，如水、化学溶剂或其他能把污染物从土壤中淋洗出来的液体来淋洗污染土壤，使吸附固定在土壤颗粒上的重金属形成溶解性的离子或金属一试剂络合物，使重金属的有效态含量提高，易于流动和被回收。如利用 EDTA（乙二胺四乙酸）对土壤中靶金属有很高的整合效应，其在环境中稳定，对生物的毒性较小，因而用 EDTA 来提取土壤中的重金属是当前研究的热点。淋洗法适于轻质土壤，对重金属重度污染土壤的修复效果较好，但投资大，商业化相对较难，易造成地下水污染，土壤养分流失，土壤变性等问题。

3. 有机质改良法

主要通过有机质中的腐殖酸与金属离子发生络合反应来改良土壤。特别是胡敏酸，它能与+2 价、+3 价的重金属形成难溶性盐类。有机质改良法方便、经济，兼顾了经济、环境和社会效益，是土壤重金属污染修复的最佳方向之一。

4. 化学还原法

化学还原法就是应用化学反应将污染土壤中的重金属还原，从而形成难溶的化合物或降低土壤中重金属的活性。对于铅污染土壤，可使用二氧化硫、亚硫酸盐或硫酸亚铁等作为还原剂；就铬污染土壤而言，可考虑利用铁粉、硫酸亚铁等。化学还原法属于原位修复方法，成本较低，可为其他修复技术打下基础，但可能导致二次污染问题。

5. 表面活性剂修复法

表面活性剂修复技术是利用表面活性剂的润湿、增溶、分散、洗涤等特性，改变土壤表面电荷和吸收位能，或从土壤表面把重金属置换出来，加快重金属在土壤溶液中的流动性，为清除土壤中的重金属提供了一条新的途径。

### （三）生物修复技术

1. 植物修复法

植物修复技术是利用植物来修复或消除由无机毒物造成的土壤污染，其基本原理是以某些植物所具有的忍耐或超量积累某种或某些化学元素的特性为基础，通过引种栽培来清除土壤环境中污染物的一种环境友好而又廉价的新方法。目前已发现重金属超累积植物达400余种，多为十字花科植物，广泛分布于植物界的45个科，但绝大部分都是镍的超富集植物（318种）。根据作用过程和机理，该技术可分为植物稳定、植物挥发和植物提取。植物稳定是利用植物及一些添加物质来降低重金属的生物可利用性或毒性，减弱其在土体中的流动性，避免重金属通过淋溶或扩散等途径造成地下水及其他介质的污染。植物挥发是利用植物将吸收到体内的污染物转化为气态物质，并释放到大气环境中而修复污染土壤。植物提取是利用能超量积累重金属的植物吸收土壤中的金属离子，并将它们输送并贮存到植物体的地上部分，从而修复污染土壤。植物提取一般又分为持续植物提取和诱导植物提取两种。由于其成本低和环境友好的特点，使它在技术和经济上均优于传统的物理和化学方法，是解决环境中重金属污染的优选方法，在全球得到发展和应用，美国、加拿大的植物修复公司已开始盈利。

2. 微生物修复法

微生物修复是利用微生物对某些重金属的吸收、沉积、吸附、氧化和还原等作用，减少植物摄取，从而降低重金属的毒性的一种修复方法。根据其修复原理一般可分为生物积累、生物吸附和生物转化三种。生物积累是利用某些微生物可对吸收的重金属产生区域化作用而积累重金属，或利用一些真菌与植物根系形成的菌根积累重金属，而降低其在植物体内的迁移。生物吸附是利用土壤中微生物（活细胞、死细胞、金属结合蛋白、多肽或生物多聚体为吸附剂）对重金属的高亲和性能以及通过重金属离子高效结合态肽的微生物展示技术，实现微生物表面重金属的富集。生物转化则是通过氧化、还原、甲基化和脱甲基化等作用使近金属形态或价态发生改变，最终清除土壤中的重金属或降低重金属毒性。该方法行之有效，但修复能力有限，只适用于小范围污染土壤的修复。

3. 生态修复法

生态修复是充分利用生物（植物）的抗逆基因，使生物最大限度地适应污染环境，在协调生物与环境的相互关系中达到生态效益、社会效益和经济效益的统一，实现污染土地的安全与高效的农业利用。该法非刻意追求对污染土壤作根本性改造或改良，近二十年来，国内部分专家对此作了大量的探讨，并成功运用于实践，形成了各具特色的污染农地生态利用模式。

## 五、土壤有机污染的修复技术

### （一）物理修复技术

1. 客土、换土法

客土、换土法是将受到有机污染的土壤运走，送到指定地点填埋并处理，然后填回干净土壤，以降低有机污染物的含量。所需费用较高，易造成二次污染，只适应于特殊情况下的土壤处理。

2. 通风去污法

主要是针对石油泄漏造成的土壤烃污染而发展起来的一种新方法。基于有机烃类有着较高的挥发性，可通过在污染地区打井，并引发空气对流加速污染物的挥发而清除土壤污染。据报道，美国一空军基地就是用这一方法对因燃料泄漏造成的土壤污染进行了成功治理。但通风去除效率受多种因素的影响，整体技术有待进一步完善。

3. 热处理法

通过工程措施将污染土壤移出，采用各种加热方法将挥发性有机污染物赶出土壤而后对其进行收集并处理，属于异位修复方法。根据这一原理，美国有人开发了一种低温热处理系统，并在伊利诺斯州得到了应用，结果显示对挥发性有机物的有效去除率达到了 99.9%。

### （二）化学修复技术

1. 焚烧法

焚烧法是通过工程措施把污染土壤集中起来，并利用有机污染物高温易分解的特点通过焚烧达到去除污染的目的。该方法较常用，但处理费用高，土壤理化性质会被破坏，易造成二次污染。

2. 化学清洗法

该方法是指用一定的化学溶剂通过萃取的原理来清洗被有机物污染的土壤，将有机污染物从土壤中洗脱下来，从而达到去除污染物的目的。该方法治理被农药（如滴滴涕）污染的土壤效果较好，在溶剂/土壤比为 1∶6 时去除农药效果可达到 99%。

3. 水蒸气剥离法

水蒸气剥离法已应用于范围广泛的污染土壤颗粒微粒的去污。基本流程为：高温水蒸气通入泥浆反应器，在水蒸气的剥离作用下，含有污染物的土壤颗粒裂解成更小的微粒，吸附在土壤上的有机污染物随即与土壤脱离，在高温环境下，脱附的有机污染物和土壤微粒随着水蒸气离开反应器。这是一种使土壤中有机污染物脱离土壤吸附的有效方法，处理所需温度较低、时间短、分离效果好、土壤可被重新利用，但能耗却较大。

4. 真空分离法

真空分离法是通过在污染土壤地区开挖竖井，利用压差原理和空气对污染物的吸附作用，注入空气介质，使含有污染物的混合气体从另一竖井排出，经由活性炭的处理后实现污染土壤的治理。该法仅对挥发性污染物的处理效果较好。

5. 表面活性剂改良法

该方法广泛应用于土壤有机物污染的化学或生物治理，是利用表面活性剂能改进憎水性有机化合物的亲水性能而促进吸附在土壤上的有机污染物解吸和溶解。常用表面活性剂有非离子表面活性剂（如乳化剂 OP、Trionx-100、平平加、AE0-9 等），阴离子表面活性剂（如十二烷基苯磺酸钠 SLS、AES 等），阳离子表面活性剂（如溴化十六烷基三甲铵

TMAB)，生物表面活性剂以及阴离子和非离子混合表面活性剂。主要选择已商品化、价格低廉、生物降解性好、临界胶束浓度和表面张力较小的表面活性剂。如由微生物，植物或动物产生的天然表面活性剂，清除土壤有机污染物的效果就较好，且易降解，处理成本较低，应用前景较好。但表面活性剂的使用浓度要适当。

6. 化学栅防治法

土壤有机污染的化学册防治法是把吸附栅放置于污染土壤次表层的含水层，使污染物吸附在固体材料内，从而达到控制有机污染物的扩散并对污染源进行净化的目的，其中吸附栅材料一般有活性炭、泥炭、树脂、有机表面活性剂和高分子合成材料等。化学栅于近十年来开始受到人们的重视，并应用于士壤有机污染防治。不过实际应用中存在化学栅老化、化学栅模型精度较低等问题，应用受到一定限制。

7. 光化学降解法

光降解法主要用于土壤农药污染的治理研究，因为农药中一般含有 C-C、C-H、C-O 和 C-N 等键，容易吸收光子而发生光解反应。由于其具有高效和污染物降解完全等优点，已开始引起了人们的注意。

8. 超临界水蒸气萃取法

超临界萃取法是基于土壤中的有机污染物含量低、基体复杂，不易直接分析等特点而得到发展。对于复杂样品中的微量有机污染物的萃取具有高效、快速、后处理简单等优点，极具发展前景。

## （三）生物修复技术

1. 植物修复法

有机污染的植物修复是利用植物在生长过程中吸收、降解、钝化有机污染物的一种原位处理污染土壤的方法，是一种经济、有效、非破坏型的修复方式，被认为是一种有潜力的优美的自然的土壤修复技术。植物对有机污染土壤的生物修复作用主要表现在植物对有机污染物的直接吸收、植物释放的各种分泌物或酶类对有机污染物生物降解的促进作用以及植物根际对有机污染矿化作用的强化等方面。目前，可被植物修复的有机污染物主要有氯化物，如二三氯乙烯、四氯乙烷、2，4-二氨苯酚、聚氯联二苯；杀虫剂，如毒死蜱乳袖、二氟二苯三氧乙烷、二溴乙烷；炸药，如三硝基甲苯、三硝酸甘油酯、二硝基甲苯、三甲撑三硝基胺、硝酸戊四醇酯以及多环芳烃和去污剂等。尽管植物作为生物修复因子具有一些细菌不具有的优点。但却缺乏微生物的有机物降解能力，若借助转基因技术把微生物与植物结合起来，应用前景会更广。

2. 微生物修复法

利用微生物的氧化、还原、分离以及转移污染物的能力而去除和解毒土壤，使共部分或完全恢复到原初状态。主要修复方法有原位修复技术、异位修复技术和原位—异位修复技术。原位修复技术是在不破坏土壤基本结构的情况下，在原位和易残留部位进行生物处理，依赖被污染地自身微生物的自然降解能力和人为创造的合适降解条件，适用于渗透性好的不饱和土壤的生物修复，主要包括投菌法、生物培养法、生物通气法、农耕法等。异位修复技术要求把污染土壤挖出，集中它处进行生物修复处理，强调人为控制和创造更加优化的降解环境，一般适合于污染物含量极高，面积较小的地块，主要有预制床法、堆肥法、生物反应器法、厌氧处理法等。原位—异位修复技术则为了克服单一修复技术的缺点，更大提高污染土壤修复效果而在实践中广泛采用，一般必须保持原位修复技术的基本特征。

3. 动物修复法

这一方法主要利用土壤中的一些大型动物，如蚯蚓和某些鼠类等对土壤中有机污染物的吸收和富集以及自身的代谢转化，使有机污染物分解为低毒或无毒产物。已有对农药污染的去除研究。

## 六、乡村生态环境和资源的重构策略

### （一）合理利用资源

资源的不合理利用，不仅造成资源浪费，还导致生态环境恶化。及时总结和推广不同类型的资源高效利用模式，有利于遏制资源的过度开发利用和加强重点区域环境治理。开展退化及空废土地的整治利用，强化污染区域的治理与修复，恢复和增强生态系统功能，有效破解人类发展面临的资源和环境问题。

土地整治是推进乡村空间重构的重要途径，通过对农村农用地，散乱、空废、闲置和低效利用的村庄建设用地，工矿用地的整治利用，加上政策机制与模式的创新，有力地助推乡村生产、生活和生态空间的重构。

如针对黄土高原退耕还林和淤地坝工程引起的缺地少粮、群众增收困难的问题，按照“山上退耕还林、山下治沟造地”的政策，通过“干—支—毛”分层防控、“渠—堤—坝”系统配套、“乔—灌—草”科学搭配的增强型沟道整治工程技术体系，实现了治沟保生态，造地惠民生。针对毛乌素沙地区域的沙漠化和砒砂岩的水土流失等生态问题，利用沙与砒砂岩的物理互补性，通过复配成土、作物优配与规模化利用，实现了毛乌素沙地的资源化利用和现代农业发展，改善了生态脆弱区的生态环境问题，增加了农民收入。针对已经产生污染的区域，可通过生态修复技术，恢复生态系统的结构和功能。尤其是针对矿山采矿场采空区、排土场、尾矿场和塌陷区的生态修复，对农业面源污染引起的湿地、水、河道、水体污染的生态工程修复措施等，恢复和提高乡村区域的水土质量和生物多样性。

### （二）改进农业生产技术，清洁化农业生产过程

农业生产过程的清洁化对于提升农村生态环境质量具有重要作用，尤其要加强农业生产、畜禽养殖和水产养殖绿色技术和清洁模式的引入，降低生产投入、阻控污染过程、循环利用废弃物，有效削减农业生产过程中的污染排放。在作物产量不减少的前提下，如何降低农业化学物质的使用，提高农业生产资料的利用效率是关键。

如河北曲周县依托科技小院模式，应用“土壤—作物系统综合管理”理论和技术，全县粮食单产实现了试验基地产量水平的79.6%，粮食总产增长37%，农民收入增长79%，同时还可提高氮肥利用效率，减少活性氮损失和温室气体的排放，有力地保护了生态

环境。

随着信息化和物联网技术的发展，精准农业在平原农区和农场中不断应用，依靠信息技术、装备技术、生物技术，通过节省资源投入、减少资源损失、提高利用效率，降低农业生产对土壤和水体环境的污染，实现作物产量和农业环境质量的双赢。从厂区选址、饲喂过程、粪水处理等方面入手，实现畜禽养殖的清洁化。为降低乡镇企业的污染，应通过合理布局、调整产业结构和推进清洁生产，使企业的布局合理，污染源相对集中，减少污染产业，同时引进低污染生产工艺，解决乡镇企业对农村生态环境的污染。同样，对畜禽养殖业和水产养殖业的选址、饲喂过程、粪水处理等环节严格把关。除了从源头减量控制外，实施过程阻断和废弃物的循环利用也是防治环境污染的途径。提出从污染物的源头减量入手，根据治理区域的污染汇聚特征进行过程阻断，再结合污水及废弃物中养分的循环利用减少污染物的产生量。该技术使稻田由原来的污染源变成污染物的消纳汇，不但可以有效防控农村面源污染的产生和发展，而且还能有效地削减农村面源污染的负荷。

### （三）建设新型的乡村生活空间

乡村生活空间的分散、生活方式的差异、污染排放的随机性以及基础设施的落后，阻碍了乡村生态环境的高效整治，需通过生活空间的集聚、生活污染的集中处理和基础设施的改善得到解决。根据空间优化、组织有序和产业高效的整治理念，促使乡村生活空间集聚，由“生活”功能转向“生活、生产、生态的多功能”。

农村的空心化与宅基地的废弃化既是生活空间的问题，也是生态空间问题，还可间接导致生产空间问题。

如山东省禹城市通过迁村并居，退宅还田工程，将农田生态系统嵌入村庄绿地系统，实现了村庄整治增地和现代农业发展；通过空心村整治、中心村建设和中心镇转移的地域模式，通过合村并居，适当加强乡村聚落的空间集聚，使得群众的居住环境和生活环境得到明显改善。

针对乡村生活污水和垃圾污染生态环境问题，可通过城乡一体化处理或就地集中处理模式来解决，在村落人口密度和经济水平较低的偏远农村，可采用分散式家庭处理模式。在条件允许的部分村庄，逐步开展气代煤、电代煤的冬季取暖措施，改善冬季雾霾状况。将农村环境治理与美丽乡村及异地扶贫搬迁等工程相结合，实现新农村基础设施的改善，乡村居民的集中生活，村容村貌的治理。促使乡村走生产发展、生活富裕、生态良好的文明发展道路，为人民创造良好生产生活环境，为生态资源保护建设作出贡献。

在快速城镇化背景下，乡村生态环境重构还应与精准扶贫、乡村振兴等战略相结合，循序渐进、因地制宜，妥善处理乡村生态环境治理问题。

# 第二篇

# 应用方式

乡村景观生态资源规划设计方法和表达形式，是乡村景观生态资源升级保护与合理开发方式的集中表现，在乡村景观生态资源规划中，必须以资源保护为前提，以区别与城市景观生态资源规划方法，以事实为依据，做好进行乡村景观生态资源规划。乡村景观生态资源规划是以乡村土地及土地上物质和非物质空间的合理安排为基础，从环境保护、生态建设及经济发展三方面进行规划。从景观生态资源类型来看，乡村景观是具有特定形态、表达意义及发展过程的一种生态资源类型，是乡村居民聚落形成中的一种景观生态资源表达方式，具有明显的自然山水及田园景观生态资源特征，其景观生态资源形成及表达方式都要有别于城市景观生态系统特点。

## 一、乡村景观生态资源规划的资源类型

乡村景观生态资源可根据乡村聚落自然景观生态资源、经济景观生态资源、文化景观生态资源分为以居民生活为主的天然景观生态资源及居民生活景观生态资源区、以居民生产为主的乡村生产区、以人文为主的乡村特色景观生态资源区等。以下主要从乡村景观生态资源区别于城市景观生态资源的几大要素包括自然、文化、地域资源差异出发，可划分为主要类型如下：

**乡村景观生态资源规划的主要类型**

| 资源类型 | 备注 |
|---|---|
| 天然生态资源 | 气象、岩石、土壤、水系、动植物 |
| 人文生态资源 | 农耕文化、民俗风情、地域特色产品 |
| 地域空间生态资源 | 地形、山水、居民聚落、建筑、道路、桥梁 |

## 二、乡村景观生态资源规划的设计元素

从乡村景观生态资源类型出发，以各类资源为设计元素，在景观生态资源规划设计中进行直接利用与衍生应用：

**乡村景观生态资源的直接利用与衍生利用**

| 设计元素 | 备注 |
|---|---|
| 天然景观生态资源 | 气象、岩石、土壤、水系、动植物生态景观 |
| 民俗文化景观生态资源 | 农业生产、农村习俗、特色饮食、服饰、用品、标识、建筑风格等人文生态景观 |
| 乡村空间生态资源 | 地形结构塑造、构筑物与周围动植物环境造景 |

## 三、乡村景观生态资源规划的内容形式

体现乡村景观生态资源的原汁原味，对基础设施配套、生态环境管理等方面进行提升，打造一村一面的乡村景观生态资源环境面貌。在乡村景观生态资源规划设计中，紧紧围绕乡村景观特色资源，从景观生态资源设计中直接进行居民聚落以及周围环境和庭院以及周围环境分析，以及道路、广场、节点、地标、村落边缘等七大要素进行乡村景观生态

资源设计，最终形成自然景观生态资源与人文景观生态资源的有机结合。

| 内容形式 | 备注 |
|---|---|
| 村落景观及周边生态环境 | 村落生态形式、自然生态资源（地形山水、土壤植物、动物、微生物等）、人文资源（居民生活习俗）外部环境（道路交通、河流）等关系 |
| 建筑景观及庭院生态环境 | 建筑风格、庭院形式与主要自然生态资源（气候、地形山水、建筑材料、河流水源等）、人文资源（地理风水等）等关系 |
| 边缘 | 乡界、河流岸线、建筑围墙、菜园、果园围栏关系 |
| 道路 | 以道路交通为基础，结合乡村地形山水，在行道树、指示牌以及路灯等方面塑造道路景观生态关系 |
| 广场 | 以人文特色、自然生态为广场设计的主题关系 |
| 节点 | 以人文景观聚集为核心的人文节点和以自然景观资源特色为核心的自然接点关系 |
| 地标 | 与自然物、建筑、道路和桥梁等特色标志物的关系 |

## 四、乡村景观生态资源规划的总体目标

### （一）发展产业

在农村产业结构调整以来，第一产业的从业劳动力数量下降，第二与第三产的从业劳动力数量增加，同时产值也增加，但乡村资源未在第二、三产中得到最大的利用。通过乡村景观生态资源的生态规划，对资源进行合理的利用与分配，适度发展乡村生态旅游业等乡村服务业，可加大三产的产值，同时提高乡村资源的利用率。乡村景观生态资源的生态规划以资源的合理利用开发与升级保护为核心，在进行生态保护的同时，间接改变乡村的产业结构，提高乡村安居乐业水平。其规划可参考我国美丽乡村建设标准以及新农村的建设要求，如浙江安吉县、桐庐县乡镇、丽水市的乡镇，湖南的建设情况等。

### （二）优化环境

乡村环境污染主要为农业污染、生活污染以及工业污染，通过乡村景观生态资源的生态规划，一方面，将乡村资源转变为生态旅游资源，从而减少农业污染、生活污染以及工业；另一方面，通过合理开发的管理手段，通过基础设施的配套，有效建立乡村的环境管理系统。以乡村资源为核心，通过对乡村特色资源的利用，塑造乡村形象，打造乡村名片，主要从乡村自然资源形象名片与乡村人文资源名片两方面塑造形象。中国乡村的主要问题为保护与开发利用的矛盾，从而导致经济问题与生态问题的产生。所以，一方面利用规划的手段，建立乡村的生态治理与保护机制，以基础设施建设与生态保护基金的方式进行优化环境；另方面通过规划与设计，充分挖掘乡村景观生态资源特色，从而进行乡村生态旅游以及乡村特色产品的开发，提高乡村的收入水平，改变乡村的经济结构。

## 五、乡村景观生态资源升级保护与合理开发的新思路

目前，我国处于城市化、工业化快速发展阶段，城市发展压力和对土地的需求更加强烈，如何做到一方面保护乡村景观生态资源、生态空间，另一方面仍然服务于城市建设和经济发展，是新时期我国乡村景观生态资源生态资源升级保护与开发所面临的挑战。我国现阶段乡村规划发展的突出特点还是重经济轻生态，如果以“自然优先”的“反规划”方法提出乡村规划和我国乡村景观生态资源升级保护与开发相融合的理念和方法，并指出其具体的融合点为空间管治规划。但在现阶段实施的客观困难仍然很大。我国乡村景观生态资源升级保护与开发是在生态理念指导下将乡村景观生态资源升级保护与开发相关理论、方法运用到乡村规划中，在生态目标导向下对现有空间规划理论、技术方法等进行改进与更新。我国乡村景观生态资源升级保护与开发的理论就是针对生态环境的现实问题和生态建设的迫切性，侧重从生态（尤其是自然生态）的角度来探索作用于空间规划的理论，它是乡村振兴十分重要的组成部分，是通过应用生态思维和生态学理论，对城乡土地和空间资源的合理配置，使人类发展与自然环境协同共进的物质空间规划，是一种落实乡村规划的生态学途径。虽然引进国外尤其是欧美国家的乡村景观生态资源升级保护与开发理论和方法很多，但是由于我国是发展中国家，以经济建设为中心不能动摇（在某种意义上，是导致乡村景观生态资源升级保护与开发往往处于一种尴尬的“弱势”地位），人多

城郊生态空间分析

地少的基本国情决定了我们不能像欧美国家那样留出大片的绿地作为纯粹的自然景观生态资源，城市化和工业化快速发展的时代背景又使得生态空间时常受到蚕食和冲击。因此，在新的时代背景下，根据我国新时期发展的特点，不断探索乡村景观生态资源升级保护与开发方式方法的新思路，具有重要的理论和实践意义。

## （一）乡村景观生态资源升级保护与合理开发新要求

过去我国发展的突出特点是城市化要求快速，致使乡村景观生态资源向城市景观演替不断加剧。尤其是城乡结合部位成为了土地利用性质改变和生态系统退化最为剧烈的区域。一方面，这是我国经济发展的客观需要，生态规划不能对此简单的“打压”；另一方面，无限制的发展又给乡村景观生态资源、生态空间带来强烈的冲击。改革开放以来，我国小城镇发展极快，已成为推动具有我国特色城镇化道路的一支强大力量。但这么多年的小城镇建设也带来诸多问题，如资源浪费、小城镇污染等问题逐渐显现。遍地开花式的小城镇布局，使得人工建设斑块更加分散化，自然生境破碎化，进一步加大了我国乡村景观生态资源升级保护与合理开发的难度。近几十年，我国城乡各个等级路网的迅猛发展，山脉被无情地切割、河流被任意地截断，破坏了景观生态资源的连续性，人为切断了野生动植物的流通路线，将自然生态区变为一个个越来越小的孤岛，最终导致生物多样性的丧失。同时，发达的交通网络也使得人类开发利用自然资源的触角伸向地球各个角落，人类对自然的干扰程度空前加大。这些发展特征使得生态问题从以前人们认知的城市或乡村个体的局部问题拓展到涵盖整个城乡系统的全局性问题。此时，不是某些地区进行乡村景观生态资源升级保护与开发与建设就能够为人类提供良好的生态环境，乡村景观生态资源升级保护与合理开发建设新的要求，必须统筹全国城乡规划发展，同时满足经济、生态和社会全面发展的基本要求。具体做法如下：

1. 遵守基本原则

（1）协调性原则：大多数经济学家都认为经济增长与环境质量之间存在着一定的替代关系，特别是发展初期。从我国地方社会经济发展的实际问题来看，乡村景观生态资源升级保护与合理开发的一个重要任务就是应用生态学和经济学的知识找到两者之间的最佳平衡点，既不能像《增长的极限》中悲观地主张“必须停止人口和经济增长（零增长）”；也不能像《没有极限的增长》中过度乐观，认为经济增长、技术进步会使环境污染得到遏制。因此，我国乡村景观生态资源升级保护与合理开发除了使生态空间得到保障，还应该给经济建设留出足够的发展空间。

（2）强制性原则：虽然这种方法提倡生态优化发展在空间管治的框架下进行，给经济建设留出足够的发展空间，但是对于区域内具有不可替代意义的生态战略点（生态保护区、自然保护区等）还是要强制性保护的。

（3）完整性原则：在总的空间管治框架下，充分利用景观生态资源学原理，优化我国乡村自然斑块、廊道、网络、基质等景观生态要素的空间格局；尽可能通过廊道的规划与建设将相邻保护区连接起来，在穿越生态敏感区域的高速公路上，建设动物通道，防止生境破碎化，维护整体生态系统的完整性。

（4）共存性原则：从保护区域生态服务功能的整体要求出发，统筹我国生态保护区体系，融城郊绿化、田野景观、生态用地于一体，构筑大地园林景观生态资源。芒福德特别强调区域整体自然环境保护对城市生存的重要性，指出“在区域范围内保持一个绿化环境，对城市文化来说是极其重要的，一旦这个环境被破坏、被掠夺、被消灭，那么城市也随之而衰退，两者的关系是共存共亡的”。

2. 强调敏感性分析

生态敏感性是指在不损失或不降低环境质量情况下，生态因子对外界压力或变化的适应能力。一般选用对区域开发建设、生态系统影响较大的植被、水系、坡度、高程、农田等自然生态因子作为生态敏感性分析的主要影响因子，并按重要性程度划分等级，赋予分值，进行叠加，得出综合的自然生态敏感区划。生态敏感性越高的地区越需要保护，不适合经济开发建设。经济敏感性的实质是对投入产出的分析，主要是指在相同的经济投资、资源占用的条件下，预期带来的经济增长，经济敏感性愈强的地区开发的潜力愈大。经济敏感性分析的指标一般可以选择经济实力基础、产业基础、城镇建设基础、交通区位条件等因子，分级赋值，进行叠加分析。根据生态敏感分区和经济敏感分区（发展潜力分区）协调生态保护空间和城乡建设、产业空间的协调，结合一般的生态目标（生态总量平衡、重要生态资源得到保护、建设空间隔离带等）进行总体空间管治规划。在空间管治的框架下，再根据景观生态资源生态学原理，对区域生态景观资源格局进行优化，同时综合进行社会敏感性分析，不是把乡村景观生态资源升级保护与合理开发同乡村规划简单地归拢在一起，“眉毛胡子一把抓”，而是进行分工明细的规划工作组合，把对各专项的调查分析、

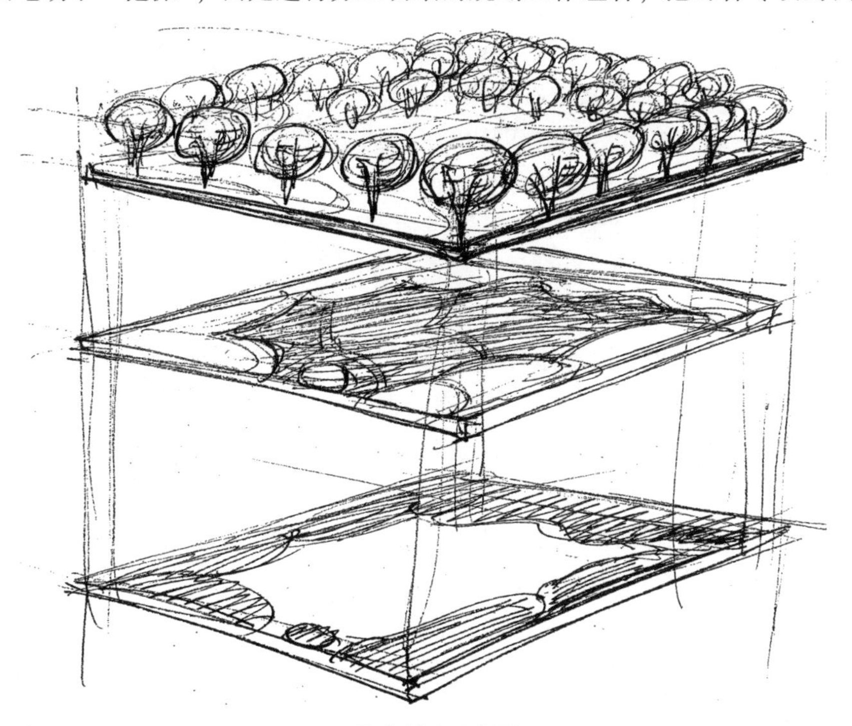

三层分析法示意图

研究评价的方案进行相互反馈和循环跟进。如图所示具体内容如下：

(1) 生态资源调查：生态调查是一项非常重要的工作，翔实的资料是全面掌握区域内重要生态资源、生态敏感性分析、生态演替过程分析等工作的关键，其重要性勿庸置疑。但是，由于我国近几十年一直以经济发展为中心，在实际规划中，经济发展资料往往比较充裕，而自然生态资料显得匮乏和不成系统。因此，生态调查往往需要反复的补充调查（调查目的逐渐明晰，需要的资料逐渐具体化），需要书面资料搜集、政府工作人员座谈、当地高校相关研究所座谈、当地居民调查等多种途径。

(2) 生态分析与评价：主要对区域内生态演替过程分析、重要生态资源识别、生态敏感性分析等，以了解和认识环境资源的生态潜力和制约。该过程为区域重要生态资源强行保护提供强有力的支持、为空间管治提供参考、也是最终成为我国乡村生态优化发展的重要依据。

(3) 经济分析与评价：主要是经济敏感性分析，以便确定哪些地区经济发展的潜力最大、投资回报率较高，不仅能使经济发展相对集中（避免遍地开花式的、高投入、高消耗、低回报的随意建设与开发），又能使经济集中在效率制高点。如前面所述，经济分析如同生态敏感分析一样选取一定的指标，在空间上进行叠加分析，得到区域经济敏感分区图，为空间管治规划提供直接依据。

(4) 空间管治区划分析：主要是结合生态、经济合社会敏感区，提出乡村总体管治分区。其中在生态分析与评价步骤中确认的重要生态资源，要首先作为强制性生态保护空间。乡村景观生态资源升级保护与合理开发在空间管治的框架之下（注意，这并不意味着生态简单的服从于发展，空间管治本身已经充分结合了区域内重要的生态资源以及生态敏感分区），运用景观生态资源生态学、恢复生态学等原理对城乡生态优化发展做较为系统的规划设想。

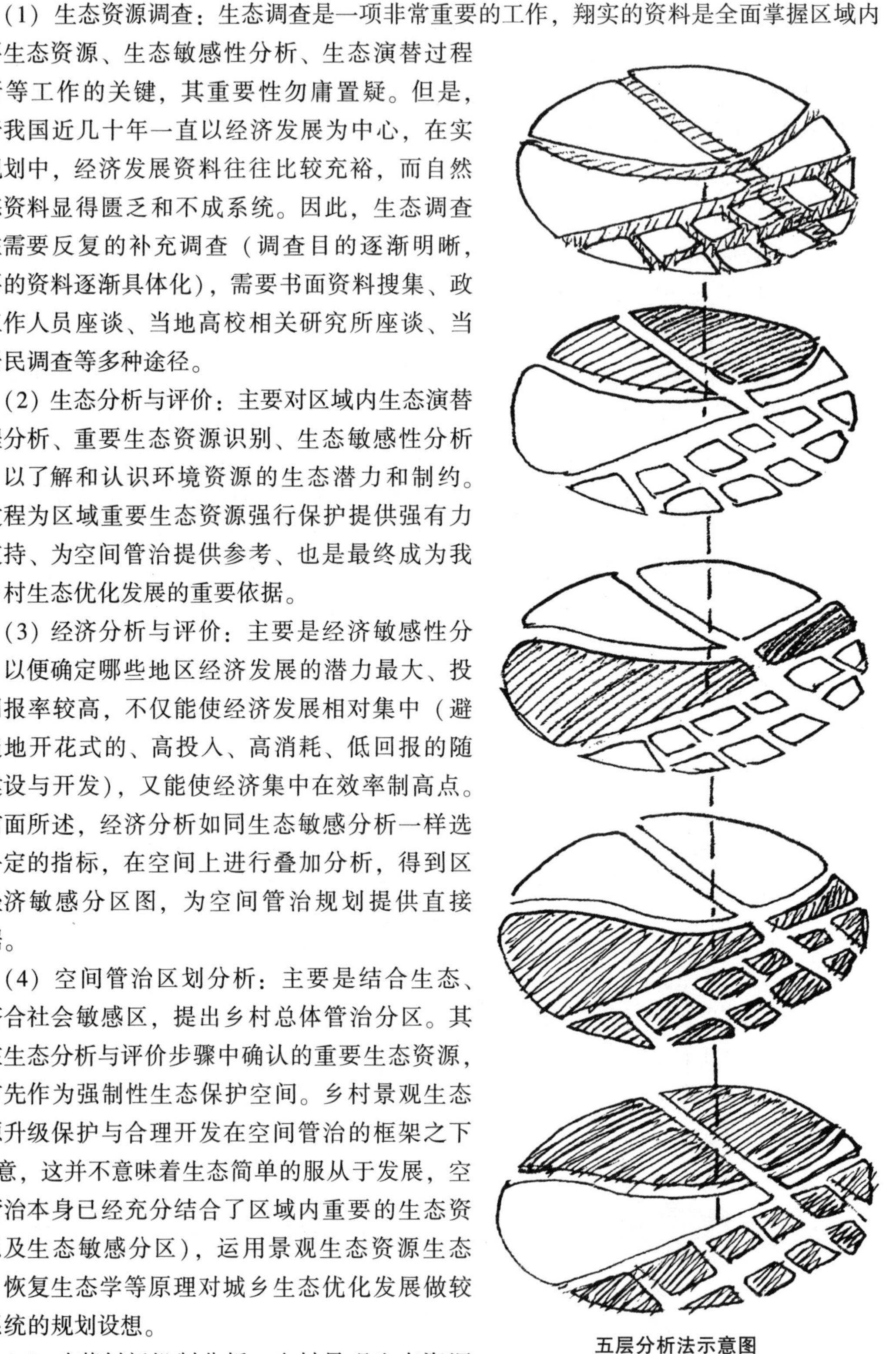

五层分析法示意图

(5) 改革创新机制分析：乡村景观生态资源

规划编制过程与经济建设是相互反馈和协调的，在最后把规划成果（也是表现形式）融入乡村总体规划中，完善总体规划成果的内容，便于管理者执行我国乡村景观生态资源升级保护与合理开发的政策落实。在我国目前正处于体制转轨的特殊历史时期，对乡村景观生态资源升级保护与合理开发实施的保障体制而言，既是机遇又是挑战，有必要改革现有的规划实施体系，针对性地进行生态规划实施的保障机制创新，使乡村景观生态资源升级保护与合理开发实效得以保障。提倡以空间管治为结合点，与城市规划相融合的我国乡村景观生态资源升级保护与合理开发的方法，亦需要有相应的政策作为支撑，引领全区域不同行政主体、产业与生态、城市与乡村统筹发展，坚决反对政绩考核强调“GDP 至上”，如果继续如此，势必会造成各个层次的行政主体都在大搞开发，形成遍地开花式的污染；使我国高度划定的生态保护用地也受到冲击。因此，要继续实行差别化的政绩考核制度，不同功能定位的行政单元其经济指标、社会指标和生态环境指标有所不同。生态环境准入门槛差别化，要根据不同空间主体的功能定位和产业布局意向，通过规定性政策限制和税收差别引导的两种方式，实行差别化的生态准入门槛。建立完善的生态补偿机制，因生态保护用地、农业空间可以优化周边建设空间环境，从而使其增值，但现行价格体系下生态绿化、农业生产本身的经济收益相对低下。所以，需要对生态、农业和各类建设空间采取差别化管理，如采用税收、财政、直接补贴等手段，使建设空间收益的一部分反哺绿化、农业等。加强管理与监督尤其在城乡居民的生态环境意识比较淡薄的阶段，管理与监督是乡村景观生态资源升级保护与合理开发能否真正落实的关键。成立专门的基金组织加强对生态保护区的管理和监督。生态经营地区的基金通过抵扣税收的形式征集，纯粹保护的生态区域管理基金优先使用国家和地方政府的补偿费用。

3. 重视科学研究

从乡村景观生态资源的概念、价值及属性出发，以景观生态资源生态学的基本原理及方法为基础，研究乡村景观生态资源发展的区域特征、基本情况、评价模式、结构功能、得出正确的规划设计方法、步骤及手段，并利用 GIS 平台技术，对乡村景观生态资源规划方案进行评价；建立理想目标；规划景观生态资源类型功能区；在不同功能区设计具体乡村景观生态单元，并对结果进行预测分析。

乡村景观生态资源一词在地理学、生态学、环境学、资源学等学科中有着不同的理解，一般认为以农业特征为主，是人类在天然景观生态资源基础上建立起来的自然生态结构与人工生态特征的综合体。乡村景观生态资源的构成既包括天然景观生态资源要素，也包括人文景观生态资源要素。天然景观生态资源要素由气候、地形山水、土壤、水文和生物等组成，为农业人文景观的建立和发展提供各种基础条件，是构成农业人文景观生态资源的自然基底。农业人文景观生态资源的构成要素可以分为两类，即物质要素与非物质要素。物质要素包括农田、果园、建筑、交通设施等；非物质要素主要指思想意识、生活方式、风俗习惯、宗教信仰、政治因素、生产关系等。研究乡村景观生态资源离不开景观生态资源格局，而任一农业景观生态资源格局研究都依所测定的时间和空间尺度变化而异。一般而言，在一种尺度下空间变异中的成分，可在另一较小尺度下表现成结构性成分。在一个尺度上定义的同质性景观生态资源，可以随着观测尺度的改变而转变成异质性景观生态资源。因此，地理学、生态学研究必须考虑尺度作用。研究农业景观生态资源格局规划就是在一定区域目标时间内进行研究与探讨，离开尺度来讨论景观生态资源的异质性、格局和干扰是没有意义的。国内目前对乡村景观生态资源格局及其动态发展研究较多，主要通过景观生态资源格局指标度量，乡村景观生态资源合理性分布情况，及景观生态资源格局的时空变化特点，为指导农业生产和乡村景观生态资源生态设计与发展规划提供科学依据。我国乡村景观生态资源规划研究工作始于20世纪80年代末，并得到了快速发展，部分学者提出了农业景观生态资源规划原则，并对一些具体区域制定出设计方案。我国农村地区正处于景观生态资源的变革时期，农村土地利用布局无序和分散、农村聚落内部规划不合理、农用地资源被不合理占用和破坏等，致使乡村景观生态资源异质程度下降，景观生态资源类型向非均衡化方向发展，景观生态资源的抗干扰性和生态系统稳定性降低。区域乡村景观生态资源的规划建设目的在于谋求人与自然景观生态资源格局协调稳定关系，通过和谐区域景观生态资源生态系统的建立，达到人与景观互利、共生、协调的持续发展。乡村景观生态资源规划建设要充分体现提供农产品的第一性生产、保护与维持生态环境平衡和作为一种生态旅游观光资源等三个层次的功能综合分析。因此，运用科学的理论和方法对乡村景观生态资源的类型特征、资源利用、结构布局等进行合理规划研究，改善乡村景观生态资源的结构，提高乡村景观生态资源的功能，对实现乡村景观生态资源可持续发展具有重要的理论和现实意义。

（1）区域特征分析：乡村景观生态资源不同于天然景观生态资源发展演替的生态环境，也不同于城市景观生态资源以人工建设为主体的生态环境，它属于受人类活动直接或间接干预影响的景观生态资源系统，既具有天然景观生态资源为主体的属性，又有人类生产、生活的影响印记。乡村景观生态资源受到天然与人类活动的双重影响，随天然气候、地形山水、文化环境等不同，表现出明显的区域特征，如“西部高原”“江汉平原”“南方丘陵”等不同山水特征，“亚热带”“温带”“湿润区”“干旱区”等气候特征，“城郊区”和“边远地区”等特定的农业区域特征。因此，界定区域性乡村景观生态资源特征，对研究规划设计、确定景观生态资源规划目标、保持景观生态资源设计风格的连续性等均有重要的意义。乡村景观生态资源是受自然和人类活动综合作用的产物，乡村景观生态资源的形成既有自然和地理环境影响，又带有强烈的人文和地域文化色彩，因此无论对宏观层面的乡村农业景观生态资源规划，还是对微观层面的乡村村落景观生态资源格局规划，合理把握区域划分是乡村景观生态资源规划设计的前提，根据我国行政区域特点，县域尺度是常见的方式，相似地形、山水与地域文化的区域范围也可选在同一尺度下设计（如湖南西部山区、中部丘陵区、北部洞庭湖区等）。尺度范围决定了区域乡村景观生态资源规划设计的内容。为树立生产高效、生活美好、人文和谐的示范典型，可分为产业发展、生活舒适、民生和谐、文化传承和支撑保障五个目标、二十项具体指标内容进行调查研究与规划设计，因此针对美丽乡村的目标体系，很多学者都开展了类似的评价指标体系、评价模式等研究，如黄磊等提出的以生态文明建设为理论支持的美丽乡村评价指标体系，由生态经济、生态环境、生态人居、生态文化、和生态支撑保障五个体系构成。

（2）基本情况调研：①村庄的基本情况：包括地点、人口、收入、土地利用、农业生产规模等；②居民点情况：主要关注宅基地使用效率情况；③居民点基础设施情况：包括水和能源使用、环卫设施、道路和绿化；④农田基础设施情况：主要关注农田沟路林渠现状和存在问题；⑤乡村发展评价：分别从经济、社会、环境等方面设置问题。问卷题目类型包括填空题、单选和多选题、排序题及打分题。

（3）评价模式比较：对评价模式进行比较，包括以行政体系为基础的纵向模式、以市级以上行政区划为基础的横向模式和以县级以下行政区划为基础的点状模式进行比较，并提出以交通干线为基础的线状评价模式。

（4）结构功能研究：一是结构异质性，结构异质性是指在乡村景观生态资源中，对各类景观生态资源单元的变化起决定性作用的各种性状的变异程度，它包括空间分布结构异质性、时间序列结构异质性、功能异质性和基质异质性。二是功能相互性，表现为乡村景观生态资源结构与生态学过程的相互作用，乡村景观生态资源结构单元之间的相互作用和构成空间镶嵌体不同景观生态单元之间的相互作用。三是动态连续性，即乡村景观生态资源在结构和功能方面随时间推移发生的变化，如农田景观生态资源随季节变化其生产功能的连续性变化。四是人为干预性，即乡村景观生态资源受到人类活动和社会经济条件的影响和干预。受人类干预活动形成的乡村景观生态资源格局是景观生态资源内部、景观生态资源与外部环境之间物质和能量迁移、转化和聚集的基础，直接或间接地影响农业生态系统的稳定性，农作物的收获量及农业生产的效益。在此人类对土地的开发利用是干预乡村景观生态资源格局演进的主要原因，具体表现在城市化、土地经济收益、社会经济和政策等因素。乡村景观生态资源的结构、功能、动态连续和人为干预是相互影响、相互依赖、相互作用的。正如生态学组织单元（如种群、群落、生态系统等）的结构与功能是相辅相成的一样，结构在一定程度上决定功能，而结构的形成和发展又受到功能的改变影响。因此，在这样一个发展变化的过程当中，必须强调理论联系实际，深入科学调查研究，牢牢把握乡村景观生态资源升级保护与合理开发的正确方向。

### （二）乡村景观生态资源规划设计的基本方法

农业同其他产业不同之处在于，农业生产极程度依赖于资源的自然属性，因此，乡村景观生态资源规划设计要充分强调景观生态资源的自然属性，将人类需求与景观生态资源的自然特性与过程联系起来。规划设计本质上是对资源进行空间的科学合理配置，所以可将景观生态资源规划设计作为乡村景观生态资源实现区域持续的时空途径。其方法主要有以下几种。

1. 综合指标叠加法

即以区域景观生态资源的不同环境指标为依据，综合评价分析，给出规划建设意见的方法。主要代表有 Mc Harg 等学者基于区域适宜性分析提出的“千层饼”规划模式。具体做法是在确定规划范围与规划目标之后，广泛收集自然与人文资料，分别绘制地图；按照规划目标提取分析有关信息，分析各种资源环境条件的性能，针对不同利用方向的兼容性，确定综合利用和发展的适宜性分区。国内学者傅伯杰等则把地理信息系统、分维分析和统计分析相结合，以土地利用现状图为基础，选取斑块大小、分维数、斑块伸长指数、多样性、优势度、相对丰富度、破碎度等指标，研究区域景观生态资源的空间格局，通过比较不同区域间景观生态资源空间格局差异，提出规划建设办法。

2. 时空网络系统法

即在区域景观生态资源规划过程中考虑时间、空间的连续性，建立景观生态资源内部的网络联系系统，将区域景观生态资源作为整体放置于长期的、大尺度空间背景的环境下规划建设。以“空间概念”和“生态网络系统”等描述多目标乡村土地利用规划与景观生态资源生态设计新思想和方法论，对提出推进乡村景观生态资源规划理论与方法，保护和恢复乡村自然和生态价值，协调城镇边缘绿地和乡村土地利用之间的特殊关系等方面的研究起到了核心指导作用。

3. 景观生态资源单元调整法

即以规划区域景观生态资源单元为单位进行改动，如对面积、类型等进行调整和构建，以达到有效规划区域景观生态资源格局的目的的方法。主要内容包括：在一个给定的自然区域中，占优势的土地类型不能成为唯一的土地类型，应至少有 10%～15%土地为其他土地利用类型；对集约利用的农业或城市与工业用地，至少 10%的土地表面必须被保留为诸如草地和树林等的自然景观生态资源单元类型；这个“10%急需规则”是一个允许足够（虽然不是最佳）数量野生动植物与人类共存的一般计划原则；这 10%的自然单元应或多或少地均匀分布在区域中，而不是集中在一个角落；应避免大片均一的土地利用，在人口密集地区，单一的土地利用类型不能超过 8～10$hm^2$。国内学者肖笃宁等对待生态脆弱区景观生态资源规划，也是以景观生态资源单元空间结构的调整和重新构建为基本手段，通过增加景观生态资源异质性的办法创建新的景观生态资源格局；在原有的生态平衡中引进新的负反馈环，实行多种经营、综合发展以增加系统的稳定性，取得了超过自然生态系统的生产力，并且保持了生态环境的可持续性。主要的手段是：依据景观生态资源空间结构的调整，通过对原有景观生态资源要素的优化组合或引入新的成分，调整或构建新的景观生态资源格局，以增加景观生态资源异质性和稳定性；控制人类活动的方式与强度，补偿和恢复景观生态资源的生态功能；按生态学规律进行可更新自然资源的开发与生产活动；依据仿自然原理，建设与自然系统和谐协调的新型人工景观生态资源，如某些风景生态旅游区的建设等。

### （三）乡村景观生态资源规划设计的基本步骤

农村土地集约化经营导致了传统乡村景观生态资源中生物栖息地多样性的降低和自然景观生态资源的破碎化，土地利用和土地覆盖方式的变化使得农业景观的美学和生态效益遭受严重损害，因此乡村景观生态资源规划设计逐渐成为解决目前农业农村问题的一个合理途径。乡村景观生态资源规划设计的基本步骤，根据规划设计前、设计中与设计后几个步骤应采取的手段与方法，提出区域乡村景观生态资源规划设计的基本步骤。乡村景观生态资源规划设计前包括对区域景观生态资源的综合评价及理想目标建立；规划中是指规划设计过程实施，包括对乡村景观生态资源功能分区、独立景观生态资源单元设计及景观生态资源功能区的具体规划设计；规划后是对规划设计结果的验证与分析，可将结果反馈回最初的规划目标。

1. 乡村景观生态资源综合评价

乡村景观生态资源综合评价是研究和评价区域乡村景观生态资源现状和演变规律的基础，也是开展区域乡村景观生态资源规划的前提。区域农业景观生态资源综合评价是在现有景观生态资源格局评价、农业土地利用评价、农业生态安全性评价基础上完成的，评价体系在 GIS 技术支持下进行，通过将各个评价内容数字化并采集其各自指标属性信息，建立空间数据库。各参评因子利用 GIS 分析技术对图形进行编辑和建立空间拓扑关系，运用其空间分析功能以及数据模型进行评价，再通过地图重叠方法，表现各因子在规划区的分布状况，不同的数据梯度可用颜色深浅来表达，不同颜色可表现规划区格局的变化。

2. 理想目标建立

综合评价确定乡村景观生态资源类型，依据景观生态资源主导过程来确定景观生态资源利用方向，一般目标景观资源的生态过程是以农业土地利用为主，自然退化过程（包括水土流失、风蚀沙化及盐渍化）及城市化过程次之，这些特性决定了区域乡村景观生态资源利用应以农业生产为中心，兼顾生态环境保护与其他产业发展。理想目标建立应以综合评价结论为基础，以区域政策和发展思路为路线，利用景观生态资源生态主导过程确定区域乡村景观生态资源利用方向。目标建立一般考虑如下原则：通过调整和补充景观要素，增加景观生态资源异质性和廊道连接度，降低景观生态资源破碎化程度，促进物质流、能量流与生态流的良性循环，实现系统调整的高效持续发展；根据区域生境和农业市场动态，选择适应性强、生产力高和经济价值优的生物品种，提高农业系统总体生产力；结合区域性特点与文化传统，适度规范人类活动的方式与强度，提高和恢复景观生态资源的生态功能。在保证区域农业景观以农业生产为主的同时，以环境保护为辅。在保持农业资源、环境不至于退化的前提下，最大化农业产量、质量和效益是区域乡村景观生态资源规划利用的基本目标。此外，在保证基本农田面积和农业产量的前提下，也可大力发展其他产业。

3. 景观生态资源功能分区

景观生态资源功能分区具有确定区域服务方向。主要根据不同海拔，坡度的土地利用特点，景观生态资源生态设计目标的要求，并结合景观生态资合评价，在区域乡村景观生态资源空间格局分析的基础上，借助 GIS 软件平台绘制景观生态资源功能区的空间分布图，一般可分为以下三个功能区域：

（1）乡村景观生态资源保护区。乡村景观生态资源保护区的生态敏感度高，具有重要景观资源价值，对维持区域生态平衡有重要作用。该景观生态资源区域主要具有生态环境保护功能，一般选择地势崎岖，地形以低山丘陵为主，坡度较陡，同时植被覆盖率高，人为干扰少的区域，在已遭干扰破坏地区应及时进行人为修复，可大力发展水土保持林，努力提高植被覆盖率，这些都是开发利用的方向。在立地条件较好处，以植树造林为主，较差处则先要封坡种草，为将来造林做准备。

（2）乡村景观生态资源开发区。乡村景观生态资源潜在开发区的生态敏感度较低。一般选择水源充足，坡度较缓，土层深厚，养分充足区域，充分发挥园林种植、农业耕作、畜牧养殖等生产功能，区域格局要结合原有农业生产区，同时开发潜在农业生产区，以农业生产为主，结合其他产业发展，但要保证不会对农业生产、生态安全构成威胁。

（3）乡村景观生态资源修复区。该区域的人类现有活动较频繁，对环境影响较大，对景观生态资源造成了一定破坏。一般多为人口密集区、资源开采区与环境污染区，该区域的规划内容应是减少开发，对人口密集区应采用增加植被密度、人口分流、政策引导等方式逐步改善；对资源开采区及环境污染区应采用降低开采强度、提高资源恢复周期、改善技术水平和加强监督管理等措施降低环境恶化。因此，该区域宜在指导下进行有限的利用，对该区域景观生态资源环境应通过人为干扰和自然恢复的方式逐步改善。

4. 乡村景观生态资源单元设计

乡村景观生态资源单元的具体设计应从单元的生态性质入手，选择理性的利用方式和方向。主要是将典型景观生态单元设计结合设计目标、地方文化与地形和山水资源等，不断完善景观生态单元内容，运用系统方法进行建设。①风景保护区。风景保护区景观生态资源一般是由自然景观生态资源斑块、建筑景观生态资源斑块、人造景观生态资源斑块和廊道组成，景观生态资源格局规划就要针对这些内容进行布局，使风景保护区景观生态资源单元既能促进生态旅游与区域经济发展，又能保护景区的原生态。②传统农田区。典型农田耕作景观生态资源单元是乡村景观生态资源中最明显的，也是最具优势的景观生态资源类型，它是乡村景观生态资源规划的重点内容，农田景观生态资源规划包括农作物种植区种类规划、田块的规划、田间灌溉系统规划和田间道路规划等。③居民建筑区。典型居民建筑区景观生态资源是农民生活的地方，是一种潜在的土地资源，充分开发利用这些资源，能够创造明显的经济效益和生态效益，对提高土地利用率，发展农村特色商品，推动农村经济健康发展具有重要意义。区域景观生态资源布局与建筑规划设计应结合区域性特点与文化传统，体现当地文化生活特色。④生态园区。包括传统的果园、茶园等经济园，还包括高科技生态产业园，如人工生态观光园、生态果园、生态农业观光休闲园等，具有经济价值和生态价值，园地景观生态资源规划的内容包括正确配植适宜的树种、位置的布置和生态园区规划等项目。

5. 制定规划设计方案

根据景观生态资源功能分区划分区域，将景观生态资源单元进行因地制宜的方案设计，为了防止因农业景观生态资源单元无序化而导致的生态环境恶化，在具体规划中应当遵循一些普遍性的生态性、经济性、社会性原则，①维持乡村景观生态资源的异质性，在人口集中区域保留绿地、水面等开敞空间作为环境“调节器”，合理规划景观生态资源廊道，并通过绿色廊道连通更大范围的生态环境用地等。廊道既是各种流的通道，又是分割景观生态资源造成景观生态资源破碎的原因和前提，它在局部尺度上决定着景观生态资源变化的方向。②农业生产用地与生态环境保护用地按一定比例相间分布，并有机结合。③村落居民社会生活空间的规划设计实施与乡村景观生态资源环境美的具体要求相结合。

6. 结果预测分析

是对规划设计的评价与检测，通过对农业生产力与环境表现力的分析，讨论乡村景观生态资源规划设计的合理性，同时，可将预测分析结果反馈回理想目标建立层，对完善规划目标起到促进作用。①农业生产力。通过对景观生态资源单元合理布局，有效利用资源，维持系统平衡，实现生态农业可持续发展；通过增加景观生态资源单元要素，改变景观生态资源类型，扩大景观单元面积；调整景观生态资源单元内物质流、能量流与生态流的循环，提高整体区域农业系统生产力，并可根据实际规划情况预测分析农业生产力提高比率。②环境表现力。通过对比规划后景观生态资源格局与原有景观生态资源格局，分析景观生态资源格局异质性、景观生态资源多样性、均匀度与破碎度指数对环境的影响力，通过对比人口分布、植被覆盖、人为扰动等指标分析，预测规划结果对环境表现力的影响程度。

### （四）乡村景观生态资源升级保护与合理开发的建议

1. 开展乡村景观生态资源特征调查评价研究，促进乡村生态特色发展

按照农业部提出的“美丽乡村”创建目标体系，进行乡村自身发展的自我评价。对照五个目标方向明确提升空间，尤其是在乡村生态旅游发展和生态环境、基础设施建设方面的提升空间。调研显示，半数乡村自认为无特色，这不仅反映了乡村对于自身特色认知的不足，也反映了乡村建设缺乏特色意识，同时也是限制乡村生态旅游发展的一个因素，也不利于乡村自身景观生态资源风貌的形成和建设。特色都是相对的，村庄风貌本应各具特色、无一雷同，在体现乡村景观生态资源特色和文化特质的同时，也可以带来一定的经济效益、社会效益、生态效益，对乡村的经济发展、生态环境以及社会和谐也会产生直接或间接的影响。要改善乡村特色缺失的限制，应当要求景观生态资源建设必须因地制宜，不可千篇一律；要求加强公众对乡村特征的认知和理解，开展乡村景观生态资源特征调查评价研究，作为指导乡村人居环境和景观生态资源规划建设的目标方向和准则，成为控制乡村风貌形成的依据；并对乡村景观生态资源和基础设施的建设进行科学规划设计，有利于实现美丽乡村各项目标。

2. 解决治理乡村居民点空心化问题，提升乡村景观生态资源质量

乡村居民点空心化现象在全国各地普遍存在，而大多数村庄居民希望将废弃的宅基地整治为村内公共绿地，将乡村景观生态资源建设作为改善居民点空心化现象的途径之一。收回的闲置农村宅基地再利用，要充分考虑农村所在区域的地理条件和社会经济条件，征求农户意见防止利益冲突，以实用性为基本原则，选择恰当的利用方式，不一定仅限于传统的公共绿地形式。例如，农村废弃宅基地可以改建成居民的生态旅游和休闲度假场所，也可以建造为生态养老区，为退休老年人提供比城市自然条件优越的养老休闲场所，山区等欠发达地区的废弃宅基地则可以以恢复本区域生态平衡和增进文化娱乐和健身休闲等公共服务设施为主。通过合理的方式和手段治理和改造废弃宅基地，一方面可以消除已经形成的“景观视觉污染”，另方面有些还可能是潜在的乡村历史发展景观遗迹，不仅不能改造，而且还要重点保护起来，有效提升乡村居民点的生态资源质量，促进“美丽乡村”目标的实现。

3. 加强乡村人居环境和景观生态资源建设，改善居民生产生活条件

当今乡村污水、垃圾处理和道路、村庄绿化、各类设施等都具有较大改善空间，这些

都是直接影响乡村生态景观生态资源质量的方面，也关系到乡村居民的日常生活。改善乡村人居环境和景观生态资源利用，应当首先进行合理的生态规划，通过对污水、垃圾处理设施进行优化配置，并提升绿化水平；提高运行管理水平，防止公共卫生设施成为“摆设”的同时，应当加强公众对村庄公共环境的维护意识，强化村民在村庄生态环境规划、建设和管理过程中的参与程度，并探索以农户为主体的建设方式，使乡村规划和建设真正做到惠民和利民，提高公众的满意程度，有利于提高乡村人居环境和景观生态资源质量维护的长久性。

4. 创新农田基础设施建设管理机制，建立乡村生态环境管护制度

乡村农田沟路林渠等景观生态资源基础设施建设存在村庄绿化不足、硬化过度、沟渠废弃、缺乏管理等问题。除应通过合理规划和配置改善不足和废弃现象外，还应当从两方面解决农田沟路林渠存在的问题。一要提升规划人员、地方政府、普通村民对于农田景观生态资源建设的意识，认识到农田不仅具有生产功能，还具有生态功能和审美功能。改变农田基础设施“田成方，路成网、渠相通，树成行”这样一成不变的所谓标准化建设思路，因地制宜从观念上避免道路、沟渠的过度生硬化，既避免了人力和财力上的浪费，又能达到保护生态环境的自然曲线美。其次，建立农田基础设施和生态环境的管护制度，解决沟路林渠缺乏维护的问题，维护和提高农田基础设施的功能和寿命。农田基础设施具有公共产品的性质，因此必须建立有效的管理体系，以确保建设起来的设施能够长久地发挥作用。例如，通过村民参与、建立维护小组等方式，或者在有条件的地区通过改善经营模式，提高农业生产的规模化，同时对农田基础设施进行统一化的管理和维护，通过规划设计改善“缺乏管理”的问题。

5. 加快乡村景观生态资源建设技术研发，推进乡村生态修复工程

乡村居民的生态环境问题与农田景观生态资源基础设施的问题，都表明了我国乡村环境规划建设与管护基础薄弱、缺乏技术应用和管理规范的现象。与发达国家农村景观生态资源建设理论和技术研究相比，我国农村环境生态修复和景观生态资源建设理论、技术和政策研究滞后，亟需针对我国不同地域特点，结合美丽乡村建设和农业基础设施建设，研发农村环境生态修复和景观生态资源化建设技术、集成示范技术、监测评价技术。乡村景观生态资源升级保护与合理开发研究与生态修复（工程）技术包括景观生态专项规划设计（工程）技术、道路绿化（工程）技术、生态建筑（工程）技术、生态沟渠建设（工程）技术、河流污染修复（工程）技术、畜禽养殖（工程）技术、生态植被恢复（工程）技术、农田生态网络建设（工程）技术、乡土产品生产技术以及乡土文化产品项目等方方面面相关技术的应用方式。应将这些技术应用方式有机融入到村庄景观总体规划设计当中，避免单独规划与不同规划之间可能存在某一方面的缺失和冲突，不有利于美丽乡村景观生态资源发展的综合治理与全面建设。因此，在以下几个章节将作进一步做出详细阐述。

# 第三章

# 乡村天然景观生态资源升级保护与合理开发方式

天然景观指人类影响不到的，或有间接、轻微影响而原有天然面貌未发生明显变化的景观，如天象气候、地形山水、自然保护区等景观。天然景观具有以下几个特点：

1. 天然赋存性

一切自然景观都是大自然长期发展变化的产物，是大自然的鬼斧神工雕造而成，具有天然赋存的特点，因而它是旅游的第一资源。通过对自然景观天然赋存特点的介绍，提醒人们注意保护生态环境和自然景观。

2. 不同地域性

天然景观是由各种自然要素相互作用而形成的自然环境，它具有明显的地域性特征，如中国风景的“北雄南秀”的特征反映了南北天然景观的总的差异。

3. 自然科学性

天然景观各个要素之间所具有的各种复杂多样的因果关系和相互联系的特点，反映在天然景观的各个方面。因而天然景观的具体成因、特点和分布，都是有自然规律可循。

4. 人文科学性

从人文科学的角度上看，一切天然景观都具有自然与人文相综合的审美属性特征。美是客观实际与人的本质力量对象化体现如：①色彩美，随着季节变换，昼夜更替，阴晴雨雪，自然风物相应改变，呈现出丰富奇幻的色彩，虽然明显，但只有在人们的基本状态本身美好的情况下，才能感受到自然中的美。②形态美，客观存在物的时间形态和空间形式的综合美。包括雄伟美、奇特美、险峻美、秀丽美、幽静美、开旷美等美感类型。③听觉美，自然景观中的鸟语、风声、钟声、水声，在特定的环境中，对景观起到一种对比、反衬、烘托的强化作用，它们能给人以赏心悦目的听觉美感享受。④嗅觉美，以嗅觉快感为主要特征的审美享受。包括新鲜空气、海洋气息、木香、草香、花香、果香。⑤动静美，包括水流、云雾、时间、季节、光照、植被等自然因素的动态变化，如摘自宋朝郭熙的山景描写“春山淡冶而如笑，夏山苍翠而如滴，秋山明净而如妆，冬山惨淡而如睡”。还有景物的动静表现。⑥象征美，在美学范围内，人们常常凭借一些具体可感的形象或符号，来比喻传达或体现某些概括性的思想观念、情感意趣、志向抱负或抽象哲理，使之对象化，这样便会产生了审美属性，称之为象征性或象征美。

5. 吸引力的价值差异性

单一的自然景物，由于构景因素单调，一般来说，它的美是单调的；大多数天然景观美都是由多种构景因素组成的，它们相互配合，融为一体，并与社会环境相协调，人的心境相统一，才能体现出自然与社会相综合的审美特点。天然景观虽是大自然本身的产物，只有那些没遭受破坏的天然景观，才是自然美的代表，才具有天然景观美；天然景观之所以能成为人们审美对象，是与社会的发展水平和人们的综合素质分不开的。两个人同游一处美景，一个人能看到它的美，另一个人却看不到它的美，这是由于两个人的当时心境和平时综合素质差异造成的。

## 第一节　乡村气象景观生态资源升级保护与合理开发方式

通过以典型地区的气象景观生态资源升级保护与合理开发来启发和带动乡村地区的气象观景地点环境空间及场所、设备、人员的建设管理。气象景观不仅仅是说乡村气象什么样的景观，而是天象景观与气象景观的合称。天象景观是指天体在宇宙间分布和运行时产生的现象，如日出、日落、满月、残月、星空等生态资源造就了忽明忽暗、具有色彩美、动态美的观赏价值。乡村天象天然景观别有一番风味，其中日出日落和月光的阴晴圆缺等美妙景观早已为世人所共识，通常可选择最佳时间和地点进行观赏。观日出以秋高气爽的晴朗清晨为最佳时间，海滨或山峰为最佳观赏地。“月到中秋分外明”，江河湖池等平静水体及高山之巅观月效果最佳。

气象景观是大气层中发生的各种大气物理现象和物理过程的总称。包括云、雨、风、霜、雾、雪、雷、电、光、干、湿、冷、热等。大气层中各种物理现象和物理过程，与其他景观叠加在一起时，就会形成或美丽、或壮观、或奇特的奇妙现象，产生独具特色的美感，把这种现象称为气象景观。引起人们进行审美与游览活动的大气现象及其衍生资源，包括各类自然气象景观变化及其与之相关的人文气象景观。如云雾、冰雪、彩虹、雾松、尘龙卷、海市蜃楼、雷电、霞光、阴霾以及在特定环境和地域条件下由气象因素而引起的云海、雨带、雷区、风区、雪域、梅雨、雨汛等与环境的其它物象融为一体气象景观造型美、色彩美、动态美，具有较强的观赏价值，再加上其瞬息万变、虚无缥缈的特点，更多添加了几分魅力。气象景观作为自然资源也是一种能源，如风能、太阳能等，同时因气象因素也能引起各种气象灾害、气象遗迹等。

### 一、乡村气象景观生态资源特点

气象景观生态资源是大自然中最常见，最普遍的现象。但受地理位置、海陆分布、海拔高度、季节、地形山水、大气环流以及局地气象条件的作用和影响，表现出一系列特点：

（一）地域性

气象景观是天象和气象过程的产物，在不同的气候带，不同的大气环流下有着不同的表现形式和强度、出现频率等。沿海、内陆、高原、平原有各自不同的气候特点，其气象景观也就有很大的区别。我国南北东西气候差异大，沿海沿江地区水汽充足，多雨水，易出现云雾等与水汽有关的气象景观，而内陆地区则表现为干旱多风沙的景观。各种气象景观的出现都有一定的地域性，一些特殊景象必须在特定地点才可显现，如吉林雾凇、峨嵋佛光、江南烟雨等。在我国西南地区地形复杂，多高山峡谷，一条山脉的两侧可以形成截然不同的气象景观。“一山分四季，十里不同天”，指的就是在复杂的地形下引起的气象现象的局地性，这种变化造就了不同景观特色。

（二）周期性

有些气象景观常常表现为“居无定所，来去无踪”，但在大气环流和季节转换的作用下，气象景观有规律性的生消，在时空上表现出相对固定的地点、稳定的出现时段，年复一年固定的出现在某一地区和区域，今年退去明年还会重来。南方的“梅雨”是具有固定地点和生消时间的典型气象现象，而每年的冬季冰雪如期降临东北地区，使冰雪成为东北地区永恒的天然景观。这种可再生资源的特点，必须充分研究如何更好地利用。

（三）动态性

大气中的物理现象和过程往往是瞬息万变、变幻无穷的。典型的如一日内冷、暖、阴、晴的变化。刚刚是倾盆大雨，即时就晴空万里，这些变化影响着景观的色彩、气氛和美感度，给游客造成不同的美感变化。气象景观随气象系统的进退、强弱的变化表现为多变性和多样性，有时一日多次生消，时生时消，时有时无，时强时弱，比如云海奇观是在一次次水汽系统的进退中完成生消过程。同样是下雨，时而大雨磅沱，雷电交加，时而细雨连绵，风平浪静，表现为极其无常。因此气象景观是在自然界中表现最激烈的自然现象之一。气象要素中的雾、雨、电、光等要素变化极为迅速，典型景象如宝光、蜃景、日出、霞光、夕照等都是瞬间出现，瞬间即可消失的气象景观，生态旅游者只有把握时机，才能观赏到极致佳景。

（四）观赏性

气象景观以声、光、色彩、形态、移动、生消等形式出现，具有丰富多彩的形式和表现。都表现在一定背景和借景下。气象景观与人类文明史联系密切，由于气候差异，造就了千差万别的地域文化、生活方式，风俗习惯。一个独特而显明的气象历史和气候环境往往承载着厚重的人文历史。气象景观在一切自然现象中的文化内涵最重，是寄托人文情感最丰富的天然景观生态资源。许多气象景观的出现常常要与其他一些生态旅游资源相配合，借助于其他景观为背景。如高山云海，海上日出，沙漠蜃景，名山佛光等。由于由这些奇幻多变的气象景观装饰和打扮，自然界变得绚丽多姿，五彩缤纷。从视觉和听觉上给人强烈震撼，因此，气象景观具有极强的观赏魅力。

## 二、乡村气象景观生态资源分类

（一）气象天然景观

其包括冰雪景观、风类景观、日月景、极光、极端气象以及其它奇特气象景观等。它是构成气象景观资源的主体，具有比较高的观赏价值和开发价值。在民间对气象景观给予了形象而恰如其分的比喻，有的成为一个地区、一个城市的别称，被人们所熟知，如武汉、南京由于夏季多高温气象被称“火炉”。

（二）气象人文景观

包括重大气象历史事件遗迹景观、与气象气候相关的具有美学价值的人造景观、人文建筑气象景观等。它是人类在改造自然、利用气象资源过程中形成的体现人文和气象相结合的景观。在我国有很多描写气象景观的诗词佳句，使气象景观充满了诗情画意，具有了深厚的文化内涵，比如四川盆地常年多阴雨，太阳照射日数少，光线弱和夜雨多等特点，有了“蜀犬吠日”“巴山夜雨”的成语，诗句“烟花三月下扬州”形象地描绘了春季沿长江地区多云雾气象的状况，同时描述了在多云雾景观下人们的生活生产和民俗场景。都是对气象景象的最佳解读和诠释。与此同时，在中华民族的历史上，因气候而产生的政治、经济、文化奇迹不计其数，留下的文化遗产不胜枚举。各地的气象因素作用和影响下形成了大量各种地质山水遗产，如千亿年风磨水洗后形成的喀斯特山水；雨水冲刷中留下的丹霞山水；在风的千刀万剐下遗存的雅丹山水。还有在洪水、大风的作用下形成的地形山水，以及因干旱、洪水而形成的河流改道，城市消失，人口迁徙等历史事件和历史遗址。由此可见，我国是气象景观资源的大国，也是气象景观资源的富国。我们对这些文化现象、遗迹可以系统地分类归纳，用气象景观的概念来包装，使其变成含有人文内涵的自然遗产，成为一种资源为社会所利用，发挥其价值。

## 三、乡村气象景观生态资源升级保护与合理开发

气候最直观的表现是各类气象景观。大气中发生的风雨雷电、霜露等物理现象及增温、冷却、蒸发、凝结等物理变化过程，这些过程有时能云雨、为我们缔造出一个美丽的新世界，具有很强的观赏价值，如蓬莱的海市蜃楼、吉林的雾凇以及峨眉金顶佛光等。但一个地区的气象气候平衡一旦被打破，如人类活动增加了温室气体排放，就会导致全球气候变暖和冰川加速消融，水土流失，风暴频发等问题，如今，作为自然生态系统中不可或缺的主要组成部分，保护气候已经引起了世界各国的高度重视。

（一）气候变化对生态系统影响很大

所谓气候是指气候要素中可以被人类利用的那一部分自然物质和能量，是一种典型的自然资源。某一地区的冷热干湿状况，直接影响当地植被的生长和动物的种类，也影响其土地资源状况和水资源状况，是一个地方天然景观形成的主要因素，影响整个生态系统的循环变化。保护气候对于保护我国日益脆弱的生态环境、保障我国经济社会可持续发展以及应对国际气候变化都具有重要意义。

（二）乡村气象公园

相对于国家气象公园，只能说一般乡村的气象天文地理景象没有那么突出而已。但具有一定气象景观特色的乡村都应该很好更保护与开发这方面的生态资源。人们普遍对乡村气象景观生态资源注意力不够，埋没了许多乡村气象景观。其实我们早已从许多摄影师拍摄的电视、电影和风景艺术照片里欣赏到不同乡村的气象景观作品，表现一年四季的乡村

风景影视作品，不计其数，只是我们一直没有很好地挖掘与开发这方面的宝贵资源。这是新农村建设中的一个新课题，决不能停留在著名风景区这个极其高端狭隘的研究领域，而应该推广到我们身边非常微妙而实际的乡村景观中来细细体味一年四季的乡村气象景观变化特征，探索人们在乡村的那一份闲情逸趣的气象美景。如“林中余晖”“荷塘映月”等不胜枚举的乡村气象景观特色。通过学习研究中国经典造园艺术可以深深地启发乡村气象景观生态资源开发的灵感。如杭州西湖的“断桥残雪、南屏晚钟”等，湖南的“平沙落雁”“秋水共长天一色”“雁阵惊寒，声断衡阳之浦”等。再如乡村景象：在清晨的迷雾中有一头牛站在田埂上，与你对视的情景，相互打量着对方，你看着老牛在想什么？老牛看着你要干什么？仿佛久久不能离去，此时此景，好像我们前世有约，走到了一起，共享这一晨曦中的美好时光。牛背上停留的鸟儿，点缀了这个生动的气象画面。

荷塘秋色

## 第二节 乡村山水景观生态资源升级保护与合理开发方式

山水景观是地貌在成因上彼此相关的各种地质水文状态的组合。如山地、岩石、岩溶、河谷、平原、湖泊等不同的山山水水。山水景观是乡村自然景观生态资源的根本，一些乡村因为有着独特的山水、气候环境和丰富的天然景观生态资源、文化生态资源，成为休闲度假生态旅游的首选。各式各样的度假村、休闲养生山庄等大量发展，休闲度假生态旅游成为一种时尚。我国丰富的乡村山水生态旅游资源，发展山水休闲生态旅游条件十分优越，融观赏山水风光、感受自然野趣、体验山野生活、享受休闲娱乐、尽情放松身心的乡村山水景观生态旅游是“回归自然、返璞归真”隐居养生的健康生活，是游山玩水的乡村休闲度假生态旅游市场最具有发展潜力的主流产品之一。人们之所以选择这种回归自然的乡村休闲方式无非是想逃避城市中的生活环境，寻求心灵和身体的放松。因此，乡村景观生态资源被应用到很多乡村生态旅游规划建设当中。

### 一、什么是乡村山水景观

#### （一）乡村山水景观类型

（1）按高度分类：海拔5000m以上的有极高山。海拔3500~5000m的特高山，均为高山高寒地区，基本没有宜居的乡村生态资源；海拔1000~3500m的大山区和高原地区为部分乡村生产生活空间存在；海拔500~1000m为低山乡村；海拔200~500m为丘陵乡村；海拔在0~500m为平原乡村；海拔0~200m的叫低原乡村。

（2）按岩石及平原性质分类：有花岗岩、丹霞、火山熔岩、变质岩、砂岩、岩溶，江河冲积平原、海蚀平原、冰碛平原、冰蚀平原等山水。

（3）按景观形态分类：有孤峰型、双峰型、多峰型，平原草地、江河湖泊等山水。

（4）按形成时代分类：有传统的、现代的、将来的乡村名山大川、平原、水体等景观。

南岳衡山

## （二）乡村山水景观功能

（1）山水美学特征：不同山水类型给人们以不同的美感，高山大川给人以勇敢无畏，奋发向上之感；中低山水给人以优雅、秀丽、俊美之感。

（2）山水形态造型美，使人产生联想和想象，给游人增添更多的乐趣，获得特殊的美的享受。

（3）山水与人文构景，物和神话传说相结合，形成自然美与人工美的交融，使山水更加优美。

（4）山水、植被、大气等自然因素相结合，形成众多的自然美景。

（5）山水平原的观赏游览、避暑、度假疗养、登山探险、滑雪、体育锻炼、科学考察以及供人们从事历史、文化、宗教等多方面的生态旅游活动。

# 二、乡村山水景观生态资源升级保护与合理开发方式

乡村山水景观生态资源生态旅游保护与开发是以乡村山水天然景观为生态旅游环境载体，以复杂多变的山体景观，如各种乡村山水水体，丰富的动植物景观，乡村山水立体气候，区域小气候等自然资源和乡村山水居民适应乡村山水环境所形成的社会文化生活习俗，传统人文活动流传至今形成的特定文化底蕴等人文资源为主要的生态旅游保护与开发，以及乡村山水景观游览、攀登、探险、考察、野外拓展等为特色的生态旅游项目，兼乡村山水观光、休闲度假、健身、娱乐、教育、运动为一体的一种现代生态旅游资源升级保护与合理开发形式。乡村山水景观生态资源作为一种新型的生态旅游开发形式，其保护与开发方面的策略未见专门研究，但随着整个乡村生态旅游产业的发展，将摆脱传统乡村山水观光生态旅游的开发框架，努力探索符合现代休闲康养式生态旅游发展趋势的乡村山水生态旅游产品开发模式。

### （一）乡村山水景观生态资源特征

1. 景观类型丰富

乡村山水景观生态资源从大的方面可以分成自然资源和人文资源两大部分。自然资源包括以下几个部分：山体、丘陵、陡坡、悬崖、峡谷、沟壑、溪流、江河、湖泊、湿地等地质构造形式形成多样的山水组合，构成乡村山水景观的硬质骨架；山谷中分布的河流和湖泊与山体骨架形成刚柔并济的景观对照；受水平和垂直气候带的影响，乡村山水形成丰富多样的生物景观；此外，复杂的地形变化所形成的乡村山水小气候及由此衍生的乡村山水天象景观也是构成乡村山水自然生态旅游资源的重要部分。乡村山水人文资源主要指乡村山区居民适应乡村山水环境所形成的社会文化生活习惯，包括民俗民风、宗教文化、乡村山水农耕文化等内容。由此可见，乡村山水是陆地上景观最为丰富的立地景观类型。

2. 生态原生性强

乡村山水受人类经济活动影响较少，自然资源和生态环境较好地保持了原始状态，相比于平原地带受人为活动破坏小，因此其自然生态原生性强；另一方面，山区居民由于各方面条件的影响，其生活习俗和民风较好地继承了原生文化，相对于受现代生活冲击强烈的城市环境，乡村山水保存了浓郁的传统文化氛围。

3. 生态环境优越

由于可进入性相对较差，现代工业社会对山区生态环境的影响相对较少，且乡村山水多为植被覆盖集中区域，因此乡村山水生态环境显著优于其他场所。良好的生态环境是现代生态旅游发展不可或缺的重要资源。

4. 历史文化积淀深厚

我国历史悠久，许多名山与所在的乡村都渗透了文化遗迹，深厚的文化积淀使得乡村山水人文景观与天然景观相互映衬，相互穿插，紧密结合，古建筑、宗教寺庙、名人墨迹、传说典故丰富多彩，成为独特的风景名胜。

5. 生态旅游综合效益明显

乡村山水生态旅游资源本身就具备较高的综合效益，乡村山水环境是山区居民赖以生存的物质环境，乡村山水自然资源价值主要表现在生物价值、生态价值、传统产业（农业、林业）经济价值。乡村山水生态旅游的开发能进一步增加乡村山水生态旅游资源的综合效益，不同的景观资源类型可以根据游客消费习惯开发不同类型的生态旅游产品，在不削减原有资源效益的基础上实现多样性的生态旅游价值。

6. 生态资源相对脆弱

按照传统资源分类来看，乡村山水资源是可再生资源，如果利用得当，开发活动以生态效益为第一效益，乡村山水为生态旅游提供的资源和环境将是可持续的，合理的生态旅游开发将是乡村山水自然与经济的可持续发展的前提。但是，如果以纯经济利益为目的、恶意开发，乡村山水资源和环境就很容易被破坏，而且很难恢复甚至不能恢复，如对珍稀生物资源、特殊地质资源的破坏等。这会对乡村山水生态旅游资源的利用带来阻碍。

7. 生态旅游活动具有一定的危险性

现代乡村山水生态旅游是以攀登、探险、考察、野外拓展、森林生态旅游等为特色项目的生态旅游形式，生态旅游活动形式的特殊性以及乡村山水环境的复杂性，使乡村山水生态旅游活动不可避免地存在一定的风险。

## （二）乡村山水生态旅游产品开发原则

1. 保护原则

乡村山水生态旅游的主要卖点是其优越的自然生态环境和深厚的历史文化积淀，只有在保护的前提下进行开发，才能保证乡村山水生态旅游的根本。乡村在进行乡村山水生态旅游产品开发时，应具体考虑到生态旅游产品对于生态旅游区的大气、地表水、地下水、土壤、植被、野生动物的保护，并充分考虑对当地文化的保护。尊重自然规律，对于生态脆弱区、环境敏感区和珍贵天然景观和人文景观要采取严格的保护措施。只有在充分考虑到保护的重要性，才能使乡村山水生态旅游区、优美的自然环境永续利用，才能体现生态旅游业的经济效益。

2. 突显特色原则

特色是生态旅游产品的生命力之所在。乡村山水生态旅游产品开发必须注重特色，必须因地制宜、因景制宜，在达到返璞归真、回归自然效果的同时，力求突出乡村山水生态旅游产品与其他生态旅游产品的差异。

3. 立足资源、市场导向原则

生态资源是生态旅游产品的基础，立足于资源现状，根据资源特征设计相应的生态旅游产品是保证生态旅游产品开发成功的前提。同时，生态旅游产品的开发还必须考虑市场导向，生态旅游产品的核心在于价值交换，因此在产品开发时要化资源优势为市场优势，根据不同市场消费群体开发相应的特色生态旅游产品。

4. 生态性原则

生态旅游已经成为当前生态旅游发展的趋势和主要方向。乡村山水生态旅游作为生态旅游的一种方式，必须强调生态性原则。乡村山水生态旅游产品的开发必须在生态旅游产品开发的框架内进行，强调生态环境的保护、人与自然的和谐、乡村综合效益的实现等生态旅游发展的主题。

## （三）乡村山水生态旅游产品可开发类型

根据乡村山水生态资源的特征，遵循乡村山水生态旅游产品开发原则，乡村山水生态旅游产品可开发以下类型：

1. 乡村山水观光生态旅游产品

乡村山水具有最丰富的景观类型，其中观光资源占据了很大的比重。观光生态旅游是我国发展最早也是最成熟的生态旅游活动形式。现代乡村山水生态旅游产品的开发不能也不可能摒弃传统观光产品。奇峰怪石、平湖深涧、天象奇观、宗教建筑、生物景观等丰富多彩的观光资源可以成为乡村山水生态旅游重要的吸引物。

2. 科普教育生态旅游产品

乡村山水本身就是一个内容丰富、景象万千的自然和人文博物馆，乡村山水资源是人类最大的知识宝库。利用乡村山水生态旅游资源可以开展各类科普教育生态旅游产品，如地质山水资源可以开发地质教育产品，林地可开展生物教育，居民区可开展农耕农事教育等。通过各类科普教育产品的开发，可将乡村山水生态旅游与教育紧密结合，融教育于游乐之中。

3. 乡村山水体验生态旅游产品

美国经济学家约瑟夫·派恩在《体验经济》中指出，体验经济时代已经到来，顾客的需求不仅仅只是产品或服务，他们还追求感情与情境的需求。因此乡村山水生态旅游产品的开发必须重视游客的参与性，参与体验应该成为乡村山水生态旅游产品开发的重心。乡村山水生态旅游可以为现代都市人提供乡村山水环境体验、山野劳作体验、乡村山水文化体验等各类体验产品。

4. 乡村山水疗养度假生态旅游产品

乡村山水有别于其他生态旅游地的显著之处在于其优良的原生性生态环境，特殊而复杂的立地类型使乡村山水拥有清新的空气、宜人的气候、优美的景观、洁净的水体等各种类型的疗养度假资源，立足于这些资源可以开展具有健身、度假、疗养、保健等多种功能的疗养度假生态旅游产品。

5. 乡村山水运动生态旅游产品

随着现代工业社会和生态旅游业的发展，越来越多的人们向往在环境优越的野外环境参加各类运动。乡村山水正是开展运动生态旅游的优良场所。在乡村山水环境下可以开展攀登、探险、野外生存、户外拓展等各类运动产品。

6. 乡村山水文化生态旅游产品

乡村山水文化生态旅游产品大致包含以下方面：第一，宗教文化，“自古名山僧占多”，我国众多名山大川与佛教和道教融为一体，佛家的道场和道家的洞天构成了丰富的宗教生态旅游文化，是乡村山水文化生态旅游产品重点之一；第二，农耕文化产品，乡村山水中散布着相对原始的村落，保存了传统的农耕劳作习俗，是开展文化生态旅游的重要资源。

7. 乡村山水特色生态旅游产品

乡村山水区域具备许多其他环境下不存在的特色资源，根据这些特色资源可以开展多种乡村山水特色生态旅游产品。利用良好的森林环境加以人工可开展森林保健产品；利用合适的地形条件辅以人工喂养方式可开展捕猎产品；利用特殊的气候条件开展相关项目；利用乡村山水特定的生态资源开发独特的文化产品等。

总之，乡村山水拥有陆地上最丰富的生态旅游资源，乡村山水生态旅游产品具有景观类型丰富、资源原生性强、生态环境优越、历史文化积淀深厚、生态旅游综合效益明显、资源相对脆弱等特征，立足于此，乡村山水生态旅游产品的开发应遵循保护第一、突显特色、立足资源、市场导向和生态性原则，充分挖掘各类资源优势，形成合理的产品组合。乡村山水生态旅游是以乡村山水自然环境为主要的生态旅游环境载体，以复杂多变的山体景观，各种乡村山水水体，丰富的动植物景观，乡村山水立体气候，区域小气候等自然资源和乡村山水居民适应乡村山水环境所形成的社会文化生活习俗，传统人文活动流传至今形成的特定文化底蕴等人文资源为主要的生态旅游资源，以乡村山水攀登、探险、考察、野外拓展等为特色生态旅游项目，兼乡村山水观光、休闲度假、健身、娱乐、教育、运动为一体的一种现代生态旅游形式。但是，对于乡村山水景观生态资源的升级保护与开发，必须始终坚持以下主要原则：

1. 经济、社会和生态效益并重原则

把乡村山水生态旅游资源的开发与地方经济的发展紧密结合起来，共同发展；与当地精神文明建设结合起来，营造良好的社会环境；与生态环境的保护结合起来，在开发资源时进行生态旅游区的规划和建设，同时做好环境影响预测评价和环境保护规划。

2. 可持续发展原则

由于生态环境的脆弱性，乡村山水生态旅游资源的开发尤其要做到与环境保护相结合，避免对生态环境造成难以弥补的破坏。要严格执行“区内游、区外住”和“山上游、山下住”的原则，实施严格的特定功能分区，保持生态旅游区的自然度。

3. 突出重点原则

对于一些具有潜在生态旅游价值但近期无条件开发的乡村山水生态旅游资源，应高度重视资源的保护工作，待条件具备后再行开发。对于已经开发的乡村山水生态旅游景区，要高度重视资源、景观的保护工作，为生态旅游资源的持续开发打下坚实的基础。

## 三、乡村水体景观生态资源升级保护与合理开发方式

### （一）乡村水体生态系统景观特点

一个完整的乡村水体生态系统景观应包含种类及数量恰当的生产者、消费者和分解者景观，具体包括水生植物，鱼、虾、贝类等水生动物景观以及种类和数量众多的微生物景观（借助多媒体观察表现）。当污染物进入水体后由相应的微生物把它们逐步分解为无机营养元素，从而为水生植物的生长提供营养。微生物在分解污染物过程的同时获得能量，得以维持自身种群的繁衍。水生植物一方面吸收水中无机营养元素，避免了水中无机物过量积累；另一方面，植物的光合作用为水体中各生物种群提供了赖以生存的溶解氧，同时，水生植物是浮游植物食性和草食性水生动物的食物来源。因此，水生植物（生产者）是水体中所有水生动物和微生物最主要的和最初的能量来源，其种类和数量在水体生态系统的平衡中起到至关重要的作用。水生动物（消费者）直接或间接以水生植物和微生物为食，可控制水生植物和微生物数量的过量增长，在保持水质清澈的过程中起重要作用。水生动物排泄的粪便和水生动、植物死亡后的尸体又为微生物（分解者）提供了食物来源，因此微生物是水体中的“清道夫”，它们为避免由水生生物带来的水体二次污染起着关键性的作用。乡村人工湖泊景观是在一定空间内，由生命系统和环境系统的多种因素相互联系、相互制约、互为因果而组成的一个统一整体，即生态系统景观。人工湖泊生态系统景观是复杂的系统景观，这不仅是因为所受外部影响的复杂性，而且因为其内部运行机制及各因子的并联的复杂性。水生生态法主要依赖于湖泊生态系统内能量流动和物质转移的动

态变化，运用水生生物的食物（营养）关系，根据水体地理位置、气象气候、水体大小、水位变化、湖底底质、湖泊形态、湖水运动特点、水质特征等实际情况，科学合理设计水生动物的放养模式，使各种群生物量和生物密度达到营养平衡水平；同时可以考虑种植一些观赏性水生植物，不仅可以吸收水体中部分营养盐和有毒物质，降低湖泊中氮、磷浓度，优化水环境，维持水体生态平衡，而且还具有较高的景观观赏价值。

### （二）乡村水体生态系统景观设计要点

自然水体的存在形式，是大自然多种自然力共同作用的结果：其中包括降雨量、地表径流、土壤的运动、沉积、沉淀、澄清、水流、波浪以及各种生物的作用等等，对水体岸线的改变，将引起整个水体生态系统发生相互关联的变化，场地规划时首先考虑不破坏自然条件，规划建设项目与原有的生态环境相融，在新的环境条件下尽快达到新的良性的生态平衡。水面的波光、水色、水的气息、吹过水面的微风和从涓涓细流到惊涛骇浪的水声都是景观设计的重要元素。自然界中的水通常从泉水—池塘—溪流—险滩—急流—叠水—湖泊—沼泽—瀑布—河流—大江—海洋，有明显的连续性，虽然湿地、湖泊、池塘的连续性不明显，也是生态水系统中的重要环节。自然的排水系统是最经济有效的水体形式，新设计水体尽量按原有的流向及岸线，保持两岸良好的自然植被不受干扰。

1. 亲水性

人有亲水的本性，不自觉地趋向水边，对水边丰茂的植被，水边及水中的动物、鱼类、蛙类、贝类等有好奇心及亲切感。在景观规划设计中，充分利用亲水的优越性，尽量靠近水源，首先选择低洼潮湿的地点开挖为水面，使水流尽量小角度斜穿等高线缓缓地向低处流动。作为参与规划的工程师，要密切关注水的上游及下游的情况。在某些区域的基地中，散落一些局部低洼处，经地形分析，尽可能使其保持现状，塑造成生动的水景，使其能相互沟通，导入外来水源更新水系，更为理想的是溢入自然水系之中。

2. 保护水源

在地域的高处应进行生态重建，涵养水土，恢复自然形成的泄洪区域，不可占为他用。应将雨水通过地形设计，合理引导地表径流，尽可能渗入地下，最终汇入天然水体。对植被的保护和减少硬地铺装都是对地下水资源的保护。对地表及地下水流域应进行统一管理，不可分治，否则会破坏自然系统。保护全流域的堤岸，将任何形式的污染减至最小，根据水体的容量合理规划土地。对于设计师来讲，工作的较大难度是对每一个与水有关的场地规划，都应在业主要求及生态要求之间取得良好的平衡与协调。

3. 保护水体生态性

在利用水体时，应该保证用地性质与水体资源及景观相融，利用水资源的强度不可超过水体的承载力，保证人工水系和自然系统的生态连续性。保证水体的风景质量和生态功能是生态人居总体规划设计应当考虑的重中之重。

4. 保护天然水体

在较大面积的天然水体范围内，要合理利用临近水体的地块，避免将主要道路环闭水体，这样会严重影响亲水区域的开发利用。应将主要道路远离水体，以尽端支路的方式接近水体，支路之间的土地要合理地开发利用，不可用作社区、公建配套区、医院、学校、码头等，只可用作自然保护区、生态公园等。凭借水体增加土地及当地的生态价值，从而提高整体环境综合价值。

5. 维护水生态系统

在一个规划基地能够拥有一片水面，即使在基地上能够观赏到远处的水面，都是值得珍惜的景观资源。房地产开发用地中的水景可以使地价及房价升值。传统的规划设计，常常在滨水规范洪水位以上的区域，规划为公建配套设施用地以及绿地，目前，在规划设计中应该重视对滨水地带生态环境的保护和重建，遏制不合理的利用、浪费以及污染危及滨水生物。水陆交界处是生态敏感地带，是鸟类、动物、鱼类的天然食源及栖息地，在规划设计中，应划定生态敏感带，保护及改善植被的生长状态，不干扰原有的野生动物、微生物的生境。

6. 水岸设计安全流畅

驳岸及池底尽可能以天然素土为主，而且与地下水沟通，可以大大降低水体的更新及清洁的费用。驳岸以缓坡入水至水下 60cm，宽度 2~3m，然后逐渐挖深，在面积较大的水体，要水底深度达到 1. 8m 以上，才能以相对陡的坡度挖深。缓坡可以减小径流的冲刷，对儿童也是一种安全措施。在较大的水面中部可以方形或多边形直线深挖较为经济，在水深 1. 8m 处以缓坡向水岸线连接。在驳岸稳固的情况下，设计处理得尽可能简单；岸线设计的曲线要满足水流平稳运动的的要求，避免造成水流不合理冲刷。设计水体的岸线应该以平滑流畅的曲线为主，体现水的流畅柔美。

7. 避免大量混凝土驳岸

做抛石驳岸，应该根据风浪的冲击力决定石块的大小，最好用带棱角的石块；或者抛以碎石打底，上部用大石压住；或者先设钢筋框或竹框再抛大于网孔的石块。在冲刷较大的地点可用卵石、块石、原木加藤本植物加以稳固。如果滥用钢筋混凝土或浆砌块石的人工堤坝将对滨水地带的生态系统造成灾难性破坏，使优美水体变成了一条生硬水沟。

安吉某村自然式水塘各种水生植物

8. 提倡生态型驳岸设计

以下各类植物覆盖、稳固土壤，抑制了因暴雨径流对驳岸形成的冲刷。如湿地树木类，落羽杉、墨西哥落羽杉、池杉、水杉、美国尖叶扁柏、湿地松、水松、沉水樟、沼楠、相思或牛尾木、海松柏、紫穗槐、垂柳、灰柳；湿生植物类，中华水韭、沼泽蕨、宽叶香蒲、东方香蒲、长苞香蒲、水烛、小香蒲、泽泻、菖蒲、石菖蒲、荻、水葱、水毛花、垂穗苔草、箭叶雨久花、雨久花、灯心草、花菖蒲、毛茛、驴蹄草、圆叶茅膏菜、合明或田皂脚、千屈菜、草龙、丁香蓼、星宿菜、半枝莲、水蜡烛、薄荷、慈菇、长毛茛泽泻；浮叶植物类，浮叶眼子菜、水鳖、莼菜、萍蓬草、中华萍蓬草、芡实、亚马逊王莲、白睡莲、柔毛齿叶睡莲、延药睡莲、菱角、四角菱、水皮莲、金银莲花、荇菜；沉水植物类，竹叶眼子菜、微齿眼子菜、蓖齿眼子菜、眼子菜、苦菜、密齿苦菜、穗花狐尾藻、黑藻、大茨藻。通过对现有水系被冲刷破坏的情况，可以设计出相应的措施，重建稳定的生态型水体驳岸。通过科学的调查，查出最大风速及最高水位状态下对水系最易造成的破坏点，进行防护性设计。在水岸的任何一点都不应看到水体的全部，经过巧妙的设计，可以在某些点，进入相对私密的空间，看不到水体的多处，增加神秘感。在另一些点可以看到相对开阔、深远的水面。在能够看到优美婉转的岸线、可观到的最远点，可以设置休憩设施，配合地形及植被设计，利用借景、框景手法，增加景观的层次，形成景区内重要的景点，为增加文化内涵，可点以景名。

9. 自然中的水体

从设计一条溪流开始，要随高差，摆放石块，让水跳落，进入较宽阔地带，通过修筑滚水自然式石坝，可以形成相对宽阔的水面，将欢快跳动的水体表情转为宁静秀美。如果进入更大的水面，则可以安排游泳、划船、垂钓等水上活动。通过安排交通线路，近水、远水、跨水、水下穿过等，可以创造丰富的空间景观。

前庭平静的水体

10. 庭院中的水体

设计水边建筑，要利用水岸之间的温差形成的对流、微风，提高室内的舒适度。小型庭院的景观水体形式举例：竹筒导水滴入石槽、陶罐、木桶等，溢出至卵石地；几块毛石围成有情趣的小水池，平静的水面将上方的景物倒映于水中；只要有高差就可以产生各种形式的跌水，形成丰富的水的运动、节奏、速率，创造多种水的表情。使用栏杆、防滑铺装及路面、指示牌、路灯等方式，保证在水边活动的人们的安全，使用的材料要耐水蚀分化。

## 第三节　乡村生物景观生态资源升级保护与合理开发方式

生物是自然界中具有生命的物体，包括植物、动物和微生物三大类。生物生态旅游资源是旅游资源中具有生命力的、最富有特色的资源。生物的存在使得世界变的精彩，各种动植物使地球表面生机勃勃。各种动植物让人类得到赏心悦目的感受，其具有宝贵的科学研究价值、美化和净化环境的作用。

乡村生物景观生态资源：指具有独特的美学价值和功能的野生、原生以及人工景观的生态资源，其生物资源绝大部分集中在乡村。乡村生物景观生态资源可以开展探险、探奇、探幽、科学考察、疗养、健身、生态旅游和野生动植物基因库保护。其中的典型部分包括湖南张家界国家森林公园（中国第一个国家森林公园）、云南西双版纳原始森林景观（“植物王国”和“动物王国”）、东北长白山原始森林（温带生物自由基因库、红松之乡）、广东肇庆鼎湖山亚热带季风常绿阔叶林（北回归线上的绿宝石之乡）、安徽省金寨县天堂寨国家森林公园（中华植物王国之最）、广西省合浦县东南部山口红树林景观、四川长宁和江安之间的“蜀南竹海”、浙江“安吉竹海”、湖南“益阳竹海”、耒阳“蔡伦竹海”以及各个乡村好的纯自然环境。

### 一、乡村生物景观生态资源主要包括

（一）乡村森林景观生态资源系统

乡村林区野生动植物资源是一个生物生态系统，其物质形态可分为：森林生物资源、森林土地资源以及森林环境资源。其中，森林生物资源包括森林、林木及以森林为依托生存的动物、植物、微生物等资源。森林土地资源包括有林地、疏林地、宜林地等森林景观生态资源。其中也包括乡村古老树木主要是指存在于乡村的单体古老树木，不仅仅指中国现有古老名贵树如：世界植物活化石银杉、珙桐（湖南衡阳南岳衡山）等；黄山迎客松（安徽黄山四绝之首）；陕西黄帝陵的“轩辕柏”，已经有5000年的历史，堪称“世界柏树之父”；山东孔庙2000多岁的“孔子桧”；泰山“五大夫松”等，也指在乡村年代已久的大树及环境。当务之急是好好保护，更要培育和造就好新一代森林中的古树名木，保护好我们身边的每一颗习以为常的树。

（二）乡村草地景观生态资源系统

主要包括在乡村大大小小的草原和湿地景观生态资源系统。在其中的花卉人文生态资

源中古人给有名花卉起了许多优雅的名字："四君子"——梅、兰、竹、菊，"花草四雅"——兰、菊、水仙、菖蒲，"园中三杰"——玫瑰、蔷薇和月季，"花中四友"——山茶花、梅花、水仙、迎春花；中国十大名花："花王"牡丹，"花相"——芍药，"花后"——月季，空谷佳人——"兰花"，"花中君子"——荷花，"花中隐士"——菊花，"空中高士"——梅花，"花中仙女"——海棠花，"花中妃子"——山茶花，"凌波仙子"——水仙花。中国主要观花之地有苏州吴县赏梅胜地，洛阳牡丹"甲天下"，杭州玉帛玉兰林，云南奇花异卉大观园，如昆明市花山茶花、还有杜鹃花、百合花、龙胆等，中国最大杜鹃花观赏胜地贵州"百里杜鹃"林，福建漳州"百里花市"看水仙，此外还有扬州琼花、南阳月季"甲中国"、广州菊花、益阳桃花园等。保护乡村草地、湿地，培育花卉景观，丰富人文色彩，是当务之急。

### （三）乡村动物景观生态资源系统

乡村动物资源包括对人类生存密切相关的畜禽、特种动物、农业昆虫与天敌、陆地野生动物、水生动物等。其中全国有兽类583种、鸟类1294种、爬行类382种和两栖类275种，分别占世界总数的12.6%、14.8%、6.7%、6.9%；已定名昆虫5万余种，占世界总数7%；无脊椎动物（不含昆虫）3.5万种，占世界已知物种的8.6%。全国还有丰富的畜禽资源和水生动物资源，因此中国是世界上动物资源最丰富的国家之一。其中包括珍禽异兽的栖息地：现存数量较少或者濒于灭绝的珍贵稀有动物和保护珍稀动物栖息地的自然保护区。中国特有的金丝猴及四川九寨白河自然保护区，长江白鳍豚被称为"长江里的大熊猫"，世界屋脊之鹿——白唇鹿，东方宝石——朱鹮（红鹤）及栖息地陕西洋县自然保护区，东北虎及栖息地长白山自然保护区，丹顶鹤及栖息地广东鼎湖山自然保护区，青海湖鸟岛自然保护区，保护藏羚羊、野牦牛等蹄类动物的阿尔金山自然保护区，还有辽宁老铁山蛇岛、海南猴岛等珍稀动物栖息地。一般乡村虽然没有珍稀动物，但是普通的动物我们也应该为它们保护好正常的栖息地，同样也是一道生态景观。

### （四）乡村人类活动景观生态资源系统

乡村人类活动景观生态资源（物质与非物质文化景观）是乡村地区范围内，经济、人文、社会、自然等多种现象的综合表现。研究乡村景观生态资源最早是从研究文化景观开始。美国地理学家索尔认为文化景观是"附加在自然景观上的人类活动形态"。文化景观随原始农业而出现，人类社会农业最早发展的地区即成为文化源地，也称乡村农耕文化景观。以后，西欧地理学家把乡村文化景观扩展到乡村景观生态资源综合表现，包括文化、经济、社会、人口、自然（生物与非生物）等诸因素在乡村地区的反映。

## 二、乡村生物景观生态资源升级保护与合理开发方式

动物与植物是自然环境生物最显现的部分，与其他自然景观一起构成重要的生态资源。生命演化至今，丰富多彩的生物使地球生机盎然，生物具有构景、成景、造景三个方面的旅游意义。以动植物作为环境，既受其他环境因子的制约，也影响其他环境因子的发生发展。山清水秀说明了山水景观、生物景观和水文景观之间的相互关系。山清才能水

秀。水秀对山清有着强烈的依赖。苍山翠岭是山水景观，但这些山水景观如果没有植被的衬托，就没有了灵气，没有了生机，没有了对游客的吸引力。因此，生物是生态旅游资源不可缺少的重要组成部分。鸟语花香是动植物本身形成的生态旅游景观。花展、动物展、植物园、动物园、各种以动植物为题材的生态旅游节都说明了动植物也能单独能构成旅游景观。

### （一）乡村生物景观生态资源特点

#### 1. 奇特性

奇特性是指生物受地域分异规律控制而形成的不同地方有不同生物景观的特点。可以说，地球上不存在环境完全相同的地区，地区之间多少存有差异。环境的地区差异，大尺度的遵循纬度地带性、干湿差异性；中尺度的遵循垂直地带性；小尺度的遵循地方性等地域分异规律。生物是环境的产物，有什么样的环境就有什么样的生物。热带的植物叶大、常绿、秋冬不落叶，寒带的植物多为针状叶，秋冬落叶；热带的动物皮毛不如寒带的厚。各个地方都存在适应当地环境的生物奇观。人们一提到热带，就联想到陆地上茂密的热带雨林、独树成林的大榕树、大象和孔雀，这是特色生物资源在人们头脑中留下的深刻印象的自然反映。

#### 2. 指示性

由于自然地理各要素都处于紧密的相互联系、相互依赖之中，每个要素的发展都不是独立的，而是共同进行的，根据各要素之间的这种相互联系，就可用自然环境中的一个环节来确定其余环节。自然地理各成分中，生物特别是植物受其他要素的影响反应最灵敏，且具有最大的表现力。例如，椰子正常开花结果是热带气候的标志；温带草原景观是温带大陆性气候的标志。再如，在未受污染的水体里，藻类以硅藻和甲藻为主，每毫升水中细菌数在 1000 个以下；当水体受污染时，藻类以蓝藻、绿藻为主，每毫升水中细菌数达 10 万个以上。生物景观的指示性特征，不仅有助于进行科研、考察、观赏和生态旅游等活动，也有助于形成所在地的自然景观资源，突出所在区域的景观生态资源特点。

#### 3. 时间性

时间性是指生物随季节变化发生的形态和空间位置变换而形成季节性旅游景观的特点。如植物，不同季节有不同的植物开花，春季的茶花、樱花、牡丹花，夏季的荷花，秋季的菊花、桂花，冬季的梅花等；不少植物的叶色也随季节变化而更换色彩。再如动物，不少动物随季节有规律地南北迁徙，出现了生物空间位置随季节变化等自然胜景。

#### 4. 广泛多样性

这是指生物景观类旅游资源在空间分布上的广泛性和多样性。地球上的任何地方，山地、高原、海洋或湖泊，甚至是沙漠、戈壁，都有生物的存在。地球上自然生态系统的类型和生物的形态、色彩、声韵和种类等也丰富多样，这些都具有很高的旅游价值。我国的生物资源极为丰富，其中包括不少特有、独存和主要分布于我国的珍稀物种。据统计，目前我国有高等植物 3 万多种；维管束植物约有 2.7 万多种；独有的树木 50 多种，其中银杏、水松、水杉、金钱松、银杉被称为“植物的活化石”。我国的动物资源也很丰富，有陆栖脊椎动物约 2000 多种，其中鸟类约有 1189 种，兽类近 500 多种，爬行类约有 320 多种，两栖类约有 210 多种。世界上有不少陆栖脊椎动物为我国特有或主要产于我国，如丹顶鹤、马鸡、金丝猴、羚羊等。还有一些属于第四纪冰川后残留的孑遗种类，如大熊猫、扬子鳄、大鲵、白鳍豚等，都是极为珍贵的物种资源。

5. 可再生性

可再生性是指由生物的繁殖功能、可驯化功能和空间移植性所决定的，由人与自然共同创造形成的生物旅游景观。生物与无机物不同，它具有繁殖能力，使生物世代相传，这一特点决定了其经济利用上的可持续性。生物的可驯化性和空间位置的可移植性，决定了人们可以在局部改变环境条件的基础上，将野生动植物驯化、移植、栽培、饲养，形成动、植物园和农村田野风光等人造生物景观，同时还能作为园林造景、美化城市的衬景。

6. 脆弱性

脆弱性是指生物及自然生态系统在抗干扰的能力上较为脆弱的特点。动植物都是有生命的物质，灾害性环境变迁，会使不少生物死亡，甚至整个物种绝灭，如地质时期白垩纪时灾变环境，使称霸一时的恐龙绝灭。人类过度地干扰破坏也会导致生态系统的破坏、物种的绝灭。例如，原始的刀耕火种，烧毁了茂密树林，使动物失去栖息地而影响其生存，土地失去植物根系的固着导致水土流失，这种遭破坏的生态系统必然失去其旅游美学价值。由此可见，生物旅游景观是极为脆弱的，在开发利用上只宜提倡保护与利用并重的生态旅游。

7. 生命有机性

自然旅游资源中的地质、山水、水文等要素都属于无机物，由它们构成的风景景观，也有动、静的变化，但这种动态变化主要是在内外营力作用下的自然运动过程，是无生命的。而动、植物是具有生命的有机体，它们的存在给自然界增加了生命的活力。在沙漠、草原、山水等不同风景区，生物景观的存在，不仅使原本单调的景区充满生机，而且增加了景区的旅游功能，提高了旅游效果。例如，青海湖鸟岛上的成千上万只禽鸟，使原本孤寂的荒漠景观变得热闹非凡、生机盎然。可见，生物景观不仅丰富了自然旅游资源的内容，而且创造了自然景观的生机与活力。

### （二）生物景观生态旅游资源的功能

1. 观赏功能

动植物的形态、色彩、生态习性、寓意等缤纷多样，启发着人们对美的追求，强烈地吸引着旅游者。就形态而论，植物的花、叶、果实，动物的特殊形态成为风景区中观赏亮点的一部分；就色彩而论，植物的茎、叶、花色彩斑斓，随季节变化。动物的斑斓色彩同样吸引着旅游者的目光。

2. 美化、净化环境功能

动植物对其所在的环境起着突出的装饰作用。植物及其植被能给风景带来“秀”“丽”“幽”“森”等方面的突出意境。“山清水秀”“鸟语花香”所形容的都是生物美化环境的功能所造就的美景。植物还能起到改善环境、保护环境的作用。

3. 保健和休疗养功能

这项功能主要体现在森林和草地改善环境能力方面，此外，一些野生药用动植物本身具有医疗的功效。

4. 造园功能

植物是园林中不可缺少的主要因素，在中国的园林中利用植物的特殊形状色彩来达到主景、点景、框景、对景的效果，或利用高大的植物来达到夹景、隔景、障景的效果。

5. 精神美学的功能

人们通常根据生物的某些习性、品格或某种特定的生活环境，赋予其某种含义。不同地区还以本地区独特的生物资源为主题，开展规模较大的旅游节庆活动。

### （三）生物景观生态旅游资源吸引力

（1）蓬勃的生机，是生物景观生态旅游资源与其他自然旅游资源最大的区别。

（2）艳丽的色彩，各类生物景象给游人以丰富多彩、千变万化的色彩之美。

（3）多姿的形态，如西湖垂柳、黄山迎客松，孔雀、长颈鹿、大熊猫等动植物。

（4）迷人的芳香，某些动植物散发的芳香，给人以神清气爽。

（5）悠久的象征，某些植物是沧桑历史的见证者，仅产于我国、与恐龙同年代的扬子鳄及原产于我国的银杏、水杉和仅产于美国的北美红杉等，都是“活化石”。

（6）奇特的现象，产于我国和北美叶似马褂的鹅掌楸；巴西高原上的纺锤树；陆地上体积最大、长有长鼻子和长门牙的大象；世界上最大的不能飞翔的鸟——鸵鸟等。

（7）珍稀的物种，如唯独在我国幸存下来的银杏树，黄山特有的迎客松、黑虎松、卧龙松、团结松等名松，还有我国的东北虎、澳洲的鸭嘴兽、树袋熊和大袋鼠等。

（8）丰富的寓意，在世界上许多国家、地区或民族，对某些动植物赋予特殊意义，如以雄鹰、雄狮来象征民族的威武，坚强不屈。莲花是佛教的象征，梅花、牡丹是我们的国花，樱花是日本的国花，某些动物形象也成了某些国家标志。

（9）科艺的对象，生物资源对于学生来说，是活生生的课本和模本；对于科学家来说，是一座天然的野外实验室。生物资源是生物科学发展的源泉，生物界还有很多奥秘等待着科学家的探索。对于艺术家来说，大自然的多姿多彩的生物，是艺术灵感的源泉。此外，生物资源还为其他学科的发展提供了依据，如仿生学、医学、材料学，地质学等。

# 第四章

# 乡村植物景观生态资源升级保护与合理开发方式

## 第一节　乡村树木景观生态资源升级保护与合理开发方式

### 一、乡村古树名木景观生态资源保护的基本概念

#### （一）乡村古树名木景观生态资源概述

古树名木景观可分为古树景观和名木景观两类生态资源。树龄在百年以上的一般称为古树，名木指具有历史价值、纪念意义和具有重要科研价值的，或树种珍贵、或国内外稀有的，或树形奇特、或生态现象国内外罕见的，国家规定重点保护的树种。古树名木是自然生态与人类文明的见证，具有珍稀性、地域性、濒危性、本真性等特点，具有丰富人文景观价值和自然景观价值。为了做好乡村古树名木景观生态资源升级保护与开发，实际上许多地区对古树名木的预备资源都实施了充分的升级保护和开发措施，只有保护它们成长为将来的古树名木，才会有未来古树名木景观生态资源可持续发展的壮丽景象。

#### （二）乡村古树名木景观生态资源升级保护

古树名木资源分为国家一、二、三级。目前，我国不少地方规定胸径（距地面 1.3m）在 60cm 以上，松、柏树胸径在 70cm 以上，银杏、国槐、楸树、榆树、樟树、榕树等胸径在 100cm 以上的为古树，且树龄在 500 年以上的，定为一级古树。树龄在 300~499 年的，定为二级古树。三级古树树龄在 100~299 年。树龄 20 年以上的，各类常绿树及银杏、水杉、银杉等胸径在 25cm 以上的，外国朋友赠送、社会名人赠植的礼品树、友谊树，有纪念意义和具有科研价值的树木，不限规格一律保护。其中各国家元首亲自种植的定为一级保护，其他定为二级保护。国家级名木不受年龄限制，不分级。当然，不同的国家对古树树龄的规定差异较大。在西欧、北美一些国家，树龄在 50 年以上的就定为古树，100 年以上的古树就视为国宝了。中国仅存的古树名木种类现有南山古柏、将军柏、轩辕柏、凤凰松、迎客松、阿里山神木、银杏、胡杨、珙桐等大都已是过了千年的古树了，其珍贵可想而知。然而，为了景观生态资源可持续发展，我们必须提出一个升级版保护与合理开发的标准，古树的种类和年纪不限于此，可根据不同树种的生命周期来确定其是否年长，这才

符合生态科学要求，如一些树木的总寿命都不过几百年或几十年的；名木可根据不同区域某树某方面的珍贵性、独特性、奇特性来确定其是否为名木，如果树中就可以评选出高产量、高质量的“冠军名木”；再如某树木因为被绘画或摄影成景观发表或获奖，肯定有其生境的独特之处而成为景观名木，这也是当之无愧的名木。这些树木的特殊生态性，特定时机性，多元价值性是不容忽视的重要特点。再因为全球环境污染严重和我国园林绿化移栽和破坏了大量大树甚至古树名木。所以，我国名木古树的保护标准至少要提升50%以上才行，这样才更符合升级保护的要求。希望各地方积极响应这个号召，为自己生态环境景观培育更好的资源。

### （三）乡村古树名木景观生态资源合理开发

古树的树冠通常较大，在制造氧气、调节温度和空气湿度、防止噪音等方面发挥着生态作用；有些古树或名木与特定的文化和历史人物、事件、传说相联系，具备人文历史价值，如迎客松、送客松、榕树常被作为长寿的象征，樟代表着吉祥，木棉被称为英雄树，攀枝花是英雄和美丽的化身；有些树木见证着当地的历史，一方面，代表着当地的植物生态面貌，另一方面，代表着当地的景观特征，可以作为教学案例或者教学研究对象，具有教育意义；有些古树名木的叶子、果实、花朵或者种子有着很重要的经济、药用、育苗价值，观赏性强的都可以开发成为旅游纪念品，象征着地方特色，如银杏叶子和乌桕叶子等；还有些树木生长于自然中，哪怕是遭受自然损伤或者自然衰老而倒下，或者折断弯曲，形成了人工难以造就的奇特景观效果。凡具有特殊观赏价值、文化价值或历史价值、经济价值的古树名木均有旅游观光价值，无论品种规格都应受到保护。所以在修路筑屋，旅游观赏时，都要懂得尊重与爱护这些古树名木的多元价值。

在古村落景观生态资源开发中存在着丰富的古树名木资源，地方政府十分重视对古树名木资源的保护，同时也出台了一系列保护管理办法，并安排了专项资金对古树名木进行保护。但是随着城市化进程的不断加快，古树名木仍然出现了不同程度的衰弱现象，这给古树名木资源的保护工作带来了不同程度的难题。然而造成古树名木出现衰弱的原因有很多种，要想更好地保护和利用古树名木资源，必须要弄清楚衰弱的原因。第一，植物生活环境的变化，乡村的路面广场不断硬化和基础设施的不断建设使得土壤的厚实度、封闭度过高，并经常向古树名下堆土和作硬化铺装处理，严重影响了植物的根部呼吸和对地表水的渗透吸收，从而使植物出现衰弱现象；第二，人为因素的影响，部分村民还没有意识到对古树名木保护的重要性，胡乱在植物上晾晒衣物，在植物上堆砌施工垃圾和生活垃圾等，严重影响植物生长；第三，自然因素的影响，如雷电、台风、暴雨等对自然植物的生存都有着很严重的影响，例如沿海地区的台风，很多植物都会被连根拔起，一旦没有及时抢救，植物就会死亡；第四，植物病虫害的影响，在某些高温多雨的地区，植物病虫害的现象经常出现，其中白蚁是植物虫害中最严重的一种。古树名木珍贵，一旦遭受了病虫害就很容易导致植物的死亡，很难再恢复。因此，我国的古树名木保护标准应该进一步提高。

## 二、乡村古树名木景观生态资源的保护方式

古树名木的寿命虽然较长，但是根系的吸收能力较差、抗逆性也比较差，所以容易遭到自然环境和人为活动的破坏。所以，古树名木的保护和复壮工作亟需加强，主要保护方式有松土和培土、桥接修剪和枝叶复壮、病虫害防治和自然灾害预防、水肥管理、治伤和补洞等技术方法。

### （一）乡村古树名木的升级保护措施

古树名木具有很强的研究价值，在保护利用过程中需要投入较大的人力和物力，在对古树名木保护和利用过程中要加大宣传力度，提高人们的保护意识。同时可以借鉴国外对于古树名木的保护办法，如日本利用树木强化器对种植树木的土壤进行通气及施肥；美国利用出肥料气钉来解决古树表层土供肥问题等。具体到古树名木的升级保护措施可以采取以下措施：

1. 利用古树名木作繁育材料

大部分古树名木是天然野生树种，在本地经过了长时间的筛选，成为地区的优良树种，具有很强的适应性。要强加强对古树名木的保护与利用，可以采集植物的种子或者是枝干进行无性繁殖，这对于植物基因的扩繁和保存优良的植物品性方面有着重要的意义。

2. 利用古树名木作良好的绿化资源

加强对古树名木的利用，可以将其作为乡村建设中的绿化树种，一方面，实现对其保护和管理；另一方面，可以宣传其价值和文化意义。如假苹婆因为树干通直，枝叶繁茂翠绿的特点成为观赏植物，广泛应用在庭园、行道以及风景区中。古树名木具有极强的播种更新能力，可以在母树的周围实现自然下种，从而生长出众多小树，这种植被作为绿化资源发挥其自身观赏价值，同时也实现对其统一管理和保护。

3. 利用古树名木作良好的景观

在乡村中古树名木大多位于村民的建筑旁边，要想加强对古树名木的升级保护，可以加大对古树名木的合理开发，围绕古树名木设置休憩场所，对于成片生长观赏价值较高的古树名木区域可以谨慎考虑开发成为休闲性公园，将其开发成集保护与利用为一体的古树名木森林旅游景观区域，以发挥其最大的价值。

### （二）乡村古树名木的复壮技术

（1）最简单的方法——高压水枪向泥球灌注活力素稀释液，对于一般衰弱的树木可起到复壮作用。

（2）对于特别衰弱的树木，可用以下方法：

①了解树木的品种，生长状况，立地环境，调查土壤的性状，观察树体的外部结构，尤其是有没有树洞，可掏洞法观察根系情况。

②整形修剪，去除病枝，徒长枝，修剪后用伤口涂补剂封口。

③钢钎打洞，灌入珍珠岩，缓效肥，浇灌生根剂，吊针液补充营养、改善土壤透气性，增加肥力。

④若有树洞，用树枝外科手术解决树洞，即用专用的工具去除洞内的腐烂物质，用稀释的活力素冲洗、消毒杀菌，用伤口涂补剂拌合粒径 1cm 的木炭填充，伤口涂补剂封口。

⑤去除上部土层，换有机质土，若冬季施工放 5%左右的木屑可促进根系保暖。

⑥根部外科手术解决问题。即用专用的工具去除腐烂的根部物质，用稀释的活力素冲洗、消毒杀菌，用伤口涂补剂拌合粒径 1cm 的木炭涂补剂封伤口。

⑦打孔。通过打孔来解决土壤的板结问题，但孔的深度需要达到 50cm 以上、孔径在 2cm 以上为好。在树冠投影范围内打孔，同时再往孔内铺施通气性的固体颗粒缓释肥，增施菌根肥等。

### （三）乡村古树名木的景观升级保护与开发措施

乡村古树名木景观保护侧重文化内涵的延续，充分发挥并挖掘其人文价值，使其承载文化历史的同时，与周边环境形成具有地域性和时代性的和谐体。通过景观的升级保护与开发，能够更好地承载其文化内涵，发挥地域性和时代性精神价值。

（1）发掘古树名木的文化内涵，建立具有地域文化特色的景观。景观资源的特色优势是构成景观吸引力的关键因素，充分发挥古树名木资源特色优势在乡村振兴中的重要作用。乡村建设中一方面必须保护古树名木资源，另一方面，也要开发古树名木资源，发掘古树名木景观生态资源的文化内涵与多元价值，打造乡村景观特色鲜明的古树名木旅游景点。

古树景观

（2）结合古树名木保护与开发的资源整合，打造升级版的特色景点。在美丽乡村建设中，往往在淙淙流水旁营建亭台楼阁和桥梁，栽植绿树，形成乡村的中心景观。对于古树名木的保护和开发，首先要保护古树名木不受环境的破坏，其次可以结合环境在古树名木附近建立配套基础设施，使其成为休闲、观赏场所。把古树名木景观点串联起来，与其他类型的景点相互组合，开发出一条有吸引力的古树旅游线。同时，以古树名木保护为主题，根据古树名木的分布情况，重点对景观价值高、交通便利的古树名木进行统一规划保护与开发，建成古树名木公园。

**古树景观**

古树名木景观，需要注意与周边环境相结合、融入环境形成整体景观。因此，必须对以古树名木为主体，综合其周边整个景观生态环境的升级保护与开发。虽然古树的位置、环境已经固定，可调整的空间非常有限，但是利用景观元素的合理配置也会使其开发质量大幅度提升。周边环境景观的合理配置，主要指对地形、水体、植物、建筑、道路、园林小品等景观要素的科学规划与艺术设计。具体做法可参考：古树名木立地面积方圆为树冠直径 3 倍以内不能有大量建筑围合和大面积封闭式铺装，2 倍以内铺砖间草，1 倍以内铺透水砖或露土。周边没有空气与水污染源，古树周边不宜有昼夜喧嚣环境及可能不协调的现代艺术设计风格。笔者考察到很多大树因基建堆土和铺装而死亡了，所以升级保护措施的要求是树冠地垂直投影内不能堆土，投影内铺装一定要浸水透气。

# 第二节　乡村园林景观生态资源应用方式

## 一、乡村园林景观生态资源的基本概念

乡村园林景观生态资源狭义的是指当地“土生土长”乡土植物生态资源，不包括那一部分经过长期生长发育已适应了当地生态环境的外来植物。广义的乡土园林景观生态资源包括自然景观生态资源和人工景观生态资源两个部分，这里主要指引种长期栽培和繁殖，证明已经非常适应某区域的气候和生态环境，生长良好的那一类能代表当地植物特色，且具有一定文化内涵的植物和园林林木树种。乡村园林景观生态资源的特性：①乡土植物的适应性和抗逆性强；②乡土植物具有明显的地域性；③乡土植物易于养护管理；④乡土植物生态效应和景观效益高；⑤乡土植物经济效应好。

## 二、乡土植物景观生态资源的应用技术

### （一）乡土植物资源在乡村园林绿化中的应用

在乡村园林环境建设中乡土植物是“主力军”，它具有苗源多、适应性强、抗病虫害能力和抗污染能力强、管理容易等优势。

1. 乡土植物资源在乡村园林绿化中的优势

乡土植物在乡村绿化中相对外来树种而言具有很大的优势，主要表现在：

（1）应用范围快而广。乡土植物相对外来之物来说能很好地适应本土环境，繁殖方法简单、获得种苗容易。

（2）具有高性价比。在乡村环境中，乡土植物种类丰富，对本土环境具有极高的适应性，成活率高，苗木长势好，抗病虫害能力强，大多数苗木在栽植后无需做过多的特殊养护，就能达到预期的景观效果，另外选用乡土植物相对外来植物而言减少了长途运输的费用。

（3）形成良好的乡村绿化特色。乡土植物在长期的发展过程中已经完全适应了当地的生态系统，并与其完全融为了一体，成为当地自然生态系统的一分子，能充分体现本土乡村绿化特色和园林风格。

2. 乡土植物资源在乡村园林绿化中的问题

（1）对乡土植物的重要性认识不足。近年来，在园林绿化中人们总是认为乡土植物的花、叶、果实和味道等都被熟悉，没有新奇感，难以形成特殊的景观环境，所以大量引进外来植物，外来植物的大量引进虽然能够快速的形成很好地视觉效果，但是这样不仅增加了绿化成本，同时引进的外来树种对本地的环境适应性较差，生态功能和综合平衡能力都相对较差，生态效益相对较低。

（2）对乡土植物缺乏研究。乡土植物对所分布的环境具有极强的适应性，如杨树、柳树、榆树等能很好地适应北方的环境，尤其在防止风沙、防治水土流失、抗旱等方面具有明显的优势。但是目前人们注重对外来植物的研究，缺乏对于乡土植物的栽培管理和病虫

害防治等方面的研究，有些城市在应用乡土植物时不考虑植物的水、肥管理和植物的病虫害，在未经规划的前提下大量种植种类单一的乡土植物，使得大面积的乡土植物被砍伐，很大的破坏了当地的生态系统。

（3）对乡土植物缺乏繁育研究。由于绿化设计者在设计时对乡土植物的运用较少，所以在苗木市场上对乡土植物的需求量较小，没有形成乡土植物的需求市场。没有市场，某些单位和组织就相应的减少对乡土植物研究的投入和推广，相反加大了对一些经济效益好的“洋”树种的繁育研究。

（4）对乡土植物资源开发力度不够。乡土植物在城市园林建设中运用较少的主要原因是对乡土植物的栽培和野生植物资源的开发研究较少。目前南方城市对于乡土野生植物资源的研究还处在起步阶段，对于野生植物的研究还没有达到统一的认识，同时也缺乏对于野生植物在园林观赏植物发面的研究。

3. 推广应用乡土植物的措施

（1）植物设计阶段中尽量选用乡土树种，绿化行政主管部门在审理绿化方案时，应要求设计方案中乡土植物的应用应达到一定的比例，呼吁设计师在城市绿化规划设计和乡村规划设计中尽可能的选用乡土植物。

（2）开展乡土树种调查，筛选本地区常用的乡土树种，为园林树种的选择提供科学依据，并制定城市园林树种规划，保证树种选择的科学性。在选择好树种后还需要进一步的进行栽培研究，掌握其繁殖、栽培和养护管理等技术。

（3）用于城市绿化的苗木基本上都是从苗圃生产出来的，同样乡土树种也需要建立繁育基地，生产出树形优美、前景好的乡土树种，形成稳定的苗源，设计者、规划者才会在城市园林绿化中应用乡土树种，同时又促进苗木生产商不断繁殖乡土树种，形成良性循环。

### （二）乡土植物病虫害防治注射施药技术的应用

植物的病虫害防治在乡村绿化中非常重要，植物病虫害一旦爆发不仅会影响植物的成活率，影响植物生态系统，还会影响乡村环境的美观性。目前对于植物病虫害的防治使用较广泛的一项技术是：树干注射施药技术。这项技术在美、日、法、英、德等世界发达国家得到广泛应用，在国内也已开始普及。它是一种植物内部施药技术，除用于蛀干害虫、维管束病害的防治外，在缺素症的矫正、植物生长调节剂的使用方面都得到推广和应用。树干注射施药技术的施药技术是将所需的杀虫和杀菌能药液强行注入到植物内部，是一项绿色的施药技术路线，此项技术有以下优点：

1. 该技术的评价优点

（1）操作简便易行。此项技术是将所需的药液注入植物内部，在使用过程中不受外部环境条件的限制，不管是多雨或者干旱的环境中均可以实施此项技术，另外在某些高大的植物上部害虫、根部害虫、具有蜡壳保护的隐蔽性吸汁害虫、钻蛀性害虫、维管束病害等传统方法难以施药的均可通过此方法使防治变得简单可行。

（2）在药液利用和药效发挥方面效果突出。该技术可以十分精确地控制进入树体内的药液量，大幅度提高药液利用率，同时药液不受降雨冲淋、光照分解等环境因素的影响，可使药效期延长，从而更高效地达到治虫防病、提高品质、调控生长的目的。

（3）在环境保护方面有突出优势。树干注射技术不会给生态环境造成农药污染，有利于保护非标靶生物和施药者的人身安全，使有较强毒性的化学防治“洁净化”，可达到保护自然、保护生态和人身安全的要求。

2. 树干注射施药技术应用

（1）注射工具的准备。为保证大规模病虫害防治工作的顺利完成，操作人员要根据实际情况准备注射工具。通常情况下，工作人员会选择可移动的整体注射工具，注射压力应在 0. 196～0. 98Mpa 范围内。

（2）合理选择注射药剂。首先，树干注射施药是通过注射工具将杀菌和灭虫等药物注射进树干内部，以达到抑制病虫害的防治和促进植物生长的目的。但是在注射过程中会产生伤口，对于伤口的处理，首先要灭菌，防治感染。在通常情况下，灭菌是将灭菌剂加入到药物中一起注射到植物内部，以达到灭菌效果，防止注射伤口的感染。其次，树干注射施药技术，通过药物注射增强传导性。这种方式的给药，本质上输人内吸剂，随树体水分传到各组织部位，一方面，减少植物药害，另一方面，保护生态环境。由此，选择合适的注射药物非常重要，碱性的药剂很容易被树干内木质部细胞壁上的负电荷吸附，在一定程度上会阻止药物的传导，而酸性和中性药剂，使着药物传导更加顺畅，能大大提升药物利用率。所以在选用药物的时候尽量尽量选择酸性和中性药剂，不选用碱性药剂。

（3）注射时期。随着树木的不断生长，树木的特性以及病虫害的类型与特性也在不断变化，在树干注射施药技术应用过程中，工作人员应结合实际情况，根据树木的生长情况、病虫害的种类选择合理注射时期。例如，黄斑天牛、光肩星天牛等需要在幼虫的初龄期和成虫的羽化盛期进行药物注射、食叶性害虫应在孵化期至 3 龄期注射、矫治缺素症在春天的发芽时期等。

（4）注射深度和位置。考虑到树干注射施药技术的特点，要把握好树干注射的位置和深度，对于新生植物而言，要更加注意注射的深度，要合适的选择注射的深浅。如果注射太深的话，会影响药物传导，注射太浅的话，会伤害树体韧皮部。另外针对不同的树种和不同的年龄阶段，对于药物的注射深度也会略显不同。通常情况下植物的树干注射应该以 22cm 为最佳。对于不同植物要选择不同的注射位置，对于根部有病虫害的情况，应在树体的韧皮部注射药物，以确保药剂迅速传导各组织部。例如，对于光肩星天牛的防治，为了使防治效果达到最佳，建议将药剂注射在距离地面约 1m 内的树干内部。

（5）药剂和注孔数量的选择。对于植物注射的用药剂量的选择，应根据树种、树体大小、害虫种类、致死量等略作调整。注射药剂最好是内吸剂，药剂的稀释浓度，干茎每 10cm，原药 1～2ml，以适量比例调配，稀释浓度在 5%～15%之间。药剂注孔数量，应根据树体干径大小而定。在通常情况下，干径 10cm 内，注孔数量 1 个；干径 10～25cm 之间，注孔数量为 2 个；干径在 25～40cm 之间，根据对等的距离应安排 3 个孔；干径在 40cm 以上，注孔数量应在 4 个或以上。

### （三）乡土植物资源在乡村园林景观中的应用

乡土植物升级保护与开发应选适合本地气候条件、抗逆性强、生长健全、具有观赏特征的乡土植物，尽量保持植物的自然姿态，保证在植物后期维护和管理上能够利用树木的自然更新能力，保证群落的稳定性。乡土植物树木资源兼具景观效果、生态效益、经济效益的功能，选用乔—灌—地被群落结构，除此之外还要考虑以下要素：

1. 植物材料质感

乡土植物质感是景观形态结构机理与景观色彩引起人们对植物的心理感受，是意境上的感知。乡土植物质感景观对于乡村景观的意境表达有着很重要的作用。乡土植物一般都自由生长，形态朴实，结构散漫，机理粗糙，色彩野趣，充满田园气息的质感。例如，芦苇、荻、芒、狼尾草类；大花金鸡菊、矮牵牛、葱兰等野花；香泡、柑橘、石榴、柿子等瓜果植物。

2. 结合当地文化

不同地域文化下，相同的植物被赋予不同的意义，这种差异性正是我们需要保护的。因此，在选择植物种类时，要充分结合当地的文化习俗、风土民情合理的选用不同种类的植物。

### （四）乡土植物资源在乡村景观园林中的营造

中国乡村园林审美偏向于自然、野趣，注重物境、情境、意境的结合。乡村园林的大尺度景观是山、水、田、林与聚落的空间布局，保障了村庄的开阔性及乡村景观的整体性，这种大面积的片林、农田的空间结构便是乡村植物大尺度上的景观符号。乡村园林景观可以从以下几个方面进行营造。

1. 村口园林绿地——形象标识

以孤植大树作主景，可以提示入口或空间的转折，种植色彩明快的高大乔木如银杏、枫树等可以起到识别道路及标志的作用，同时利用不同植物营造开敞式植物空间，一般用各具特色与不同搭配形式的灌木、地被植物、草本花卉、草地。

2. 公共活动空间园林绿地——娱乐休闲

公共空间给人的直观感受是开放、自由、休闲的，在空间尺度上突出亲切感。一般根据不同活动特点，主要可以分为健身、娱乐活动、休息等空间类型。

（1）娱乐健身空间。健身场地主要满足人们体育锻炼活动。适宜种植高大落叶乔木，下层不宜大片种植低矮灌草，既保证林下空间的通透，又满足人夏天遮荫冬天晒太阳的需求。

（2）游憩空间。组织特色花木植物，兼顾四季景色变化，结合自然山水景色，布置亭、廊、花架等园林建筑及安全设施。

（3）休息空间。片植枝叶茂密、形态优美、能遮挡人视线高度的小乔木或高大灌木丛进行围合，上层还可配置观赏性强的高大乔木，营造相对静谧的环境空间。

3. 园林道路绿地

乡村公路主要指农田、菜园、山脚、郊野周边的公园道路，植物景观上灵活布置。如乔木下层曲线配置野生花卉及乡土灌木，布置凸显出乡村自然野趣。乡村小径两边可栽种常绿乔木配以草花、花灌木、草坪。这种形式既可四季常青，又有季相变化，是目前应用较多的形式。进入住宅或院落各住户的道路。植物种植主要考虑其美学功能。可以在没有作物的一边种植小乔木，有作物的一边种植花卉、草地。靠近住宅的大门口小路宜种植花灌木或地被的花径，不能影响室内采光和通风。

4. 宅前屋后园林绿地

在近房基处可种植低矮的花灌木，以营造各类花园花境形式与建筑相结合。宅旁保留原有菜畦，采用园艺形式种植，并围以竹篱，种植经济果树和乡土植物，营造出返璞归真的自然景象和“农家”氛围。

在住宅南面向阳面可选择较多喜阳植物种类，种植一些观赏价值高的花木；北面宜选择高大长青树木，配置耐荫性花灌木及草坪；东西两侧可种高大落叶乔木或种植攀缘植物垂直绿化墙面，借以减少夏季日晒。

5. 乡村庭院园林绿地

东北面植高落叶大乔木，东南面应种小乔木或生长不高的果树，冬天不遮阳，夏日可蔽荫。西北面植高大长青乔木，西南面宜种植耐寒花木及常绿树木，夏季可乘凉。空间较大的庭园应适量种植庭荫树或果树，空间较小的则可见逢插绿或种植攀缘类植物。庭院中靠围墙侧或墙角的地方可以种攀缘藤本或蔬菜。藤蔓类选用蔷薇、凌霄、紫藤、牵牛、葡萄、猕猴桃等进行垂直绿化。

6. 乡村滨水园林绿地

选择本地耐水性植物或水生植物为主。乡村生态经济型滨水驳岸应选耐水湿的经济类果木、用材树种，如湿地松、香樟、无患子、桃等；乡村休闲观赏型滨水园林宜选树枝柔软、姿态优美、季相色彩丰富的观赏型植物，如柳树、云南黄馨、朴树、榆树、紫薇等；桥头绿化宜选亲水型植物，岸边可种植枫杨、香樟、水杉、垂柳等乔木。

岸边可选择大花萱草、千屈菜，浅水中可选择鸢尾；沉水植物选用金鱼藻、亚洲苦草、菹草；挺水植物则选用莲、水芹、慈姑、菖蒲等。

## 第三节　乡村作物景观生态资源应用方式

### 一、农作物景观生态资源的基本概念

农作物就是农业生产中的各种植物，包括五谷粮油、蔬菜水果等粮食作物和花草树木、工业原料作物、饲料作物，药材作物等经济作物两大类。农作物作为景观生态资源，要比一般的植物更具有观赏性和经济性。

### 二、农作物景观的分类

#### （一）粮食作物景观

粮食作物种类丰富，包括水稻、小麦、玉米、高粱、大豆等。粮食作物在不同的生长

阶段中所反映出来的高度、色彩和形态等方面都各不相同，会形成不同的景观。例如小麦，在生长初期是浅绿色的，成片的小麦会形成绿油油的景色，在成熟时期，小麦演变成为金黄色，大片金黄色的麦浪会给人以丰收的喜悦。另外粮食作物的种植方式也能成为一种观赏景观，如纵横交错的水稻田和村民在水稻田里面收割的画面，营造出一幅和谐的景观。

### （二）经济作物景观

经济作物可以生产农副产品，不仅可为劳动者带来经济效益，若种植规划得当，还可以带来观赏效果，包括油菜、茶、大豆、花生、棉花、花椒、甘鹿、声苹和竹子等。如油菜花的大片种植会形成不同的景观，目前有很多地方通过种植大片的油菜花来吸引各地的游客，以促进乡村旅游业的发展，如江西的婺源；竹子是一种富有乡村野趣的植物材料，能够为农业景观增添特色，由竹林构成的密林隐私空间，在公园、小区、别蜜等设计中都应用广泛，具有很大的景观价值。

### （三）园艺作物景观

园艺作物包括果树、蔬菜等。这些作物从古至今本身就具有很高的观赏价值。园艺作物不管是在外形还是在味觉上都可以给人留下深刻的印象，在古代文人的诗句作品中常常见到对园艺作物描述，例如，“一骑红尘妃子笑，无人知是荔枝来；去年今日此门中，人面桃花相映红”等。在现代风景园林设计中，果园、菜地、花圃、苗圃已经是园林绿地系统中不可或缺的一部分。它们不仅为城乡居民提供了观赏价值，还在一定程度上起到改善城乡小气候的生态效果。

## 三、农作物景观资源的应用方式

### （一）农作物种类的选择

乡村农作物景观依然以农业生产为主体，农作物品种的选择首先要以经济价值为基础，做到景观、文化、经济相结合。

1. 果树

果树为果实可以被食用的树木。果树具有经济价值和观赏价值，在乡村景观中可以选择适宜本地区栽植的农作物作为造景植物要素。

**湖南地区常见适宜栽植的经济果树种类**

| 类型 | 种名 | 观花时间 | 观果时间 | 景观利用形式 |
|---|---|---|---|---|
| 常绿乔木 | 柚 | 3~4 月 | 9~10 月 | 孤植、丛植于庭院、果园 |
| 落叶乔木 | 梅 | 3~4 月 | 5~6 月 | 孤植、丛植于庭院、果园 |
| 灌木 | 枇杷 | 10~12 月 | 翌年初夏 | 孤植、丛植于庭院、果园 |
| | 橘 | 6~7 月 | 10~12 月 | 孤植、丛植于庭院、果园 |
| | 杨梅 | 4 月 | 6~7 月 | 孤植、丛植于庭院、果园 |
| | 金桔 | 6~8 月 | 11~12 月 | 孤植、丛植于草地、庭院、路缘 |
| | 桃 | 3~4 月 | 6~9 月 | 孤植、丛植于草地、庭院、路缘 |
| | 柿 | 6 月 | 9~10 月 | 孤植、丛植于庭院、果园 |

（续）

| 类型 | 种名 | 观花时间 | 观果时间 | 景观利用形式 |
|---|---|---|---|---|
| | 枣 | 5~6月 | 9~10月 | 孤植、丛植于庭院、果园 |
| | 李 | 4月 | 7~8月 | 孤植、丛植于草地、果园 |
| | 石榴 | 5~6月 | 9~10月 | 孤植、丛植于草地、庭院 |
| | 山楂 | 5~6月 | 9~10月 | 孤植、丛植于草地、庭院 |
| | 板栗 | 5月 | 8~10月 | 孤植、丛植于草地、果园 |
| | 核桃 | 3~4月 | 8~9月 | 孤植、丛植、列植 |
| | 无花果 | 4~5月 | 6~10月 | 丛植、列植于草地、庭院 |
| 草本 | 草莓 | 4~7月 | | 适宜大棚栽植 |
| | 葡萄 | 7~10月 | | 栽植于廊架或棚架 |

果树景观

2. 具有药用价值的农作物

湖南地区的气候适应很多蔬菜和花卉品种的生长，然而它们中有许多品种不但具有观赏价值，还具有药用价值。

**湖南地区适宜陆地栽植的药用农作物**

| 种名 | 观赏价值 | 药用价值、园林用途 |
| --- | --- | --- |
| 鱼腥草 | 花白色 | 清热解毒、消肿疗疮 |
| 板蓝根 | 花黄色或红色 | 清热解毒、预防感冒 |
| 益母草 | 花粉色至白色 | 活血、祛瘀、调经 |
| 马齿苋 | 花药黄色 | 治热痢脓血 |
| 韭菜 | 花淡红色或白色 | 可食用，丛植、片植于花坛、花镜 |
| 桔梗 | 花蓝紫色或白色 | 止咳去痰 |
| 夏枯草 | 花蓝色或紫色 | 清泄肝火、散结消肿 |
| 紫云英 | 花紫色 | 祛风明目，健脾益气 |

**药用植物**

在水景设计中水生植物的选择与应用是不可少的，水生植物种类繁多，应用类型多样。水生植物不仅可以营造自然的乡村环境，还有着很强的生态效益，但是水生植物中许多富有野趣和自然韵味的品种被忽视，这使得在水景营造过程中出现了品种选择单一、滨水景观单调的想象。

**湖南地区适宜水生栽植的药用农作物**

| 种名 | 观赏价值 | 药用价值、园林用途 |
|---|---|---|
| 慈姑 | 观叶、观花 | 解毒利尿、防癌抗癌，果实营养价值高 |
| 荸荠 | 观花、观姿 | 清热泻火、凉血解毒 |
| 千屈菜 | 观叶、观花 | 全株入药，可治痢疾、肠炎等症 |
| 菖蒲 | 观叶、观花 | 根茎入药，适宜水景岸边及水体绿化 |
| 莲花 | 观花 | 活血止血，作为观赏水景、盆景、专类园 |
| 水葱 | 观花、观姿 | 主治小便不利等 |

3. 藤本植物

在藤本植物中有很多瓜果类蔬菜，较常见的有丝瓜、葡萄、西瓜等。其中种类最为丰富的就是豆科和葫芦科的植物，如瓜类和豆类。藤本类植物可以与廊架、花架、岩石等园林元素组合，既可以满足观赏需求，同时也具有很强的实用性。

**湖南地区适宜栽植的藤本类农作物**

| 种名 | 观赏价值和园林用途 |
|---|---|
| 丝瓜 | 果期夏秋季，花黄色、观果、采摘 |
| 南瓜 | 花期 5~7 月，果期 7~9 月，花黄色，观果、采摘 |
| 苦瓜 | 花期 5~9 月，果期 6~11 月，花蓝紫色，观花、采摘 |
| 黄瓜 | 花果期 5~9 月 |
| 豇豆 | 花果期 6~9 月，花淡紫色，观果、采摘 |
| 葫芦 | 花期 5~7 月，果期 7~9 月，花白色，观果、采摘 |
| 金银花 | 花期 4~7 月，果期 6~11 月，花淡黄色，观花 |
| 紫藤 | 花期 4~5 月，果期 5~8 月，花紫色，观花 |

4. 其他农作物

除了以上果树、具有药用价值农作物和藤本农作物这三种类型农作物以外，还有许多常见的同时具有观赏价值和经济价值的蔬菜、瓜果，如油菜、羽衣甘蓝、竹子等。这些农作物所需求的气候条件和土壤条件都不相同，却都是乡村最为常见的、最具有乡土特色、最富有自然韵味的农作物。

## （二）湖南地区观赏农作物种类的选择

**观赏农作物选择**

| | 名称 | | 花期 | 花色 | 果期 | 果色 | 观赏特性 |
|---|---|---|---|---|---|---|---|
| 乔木 | 柑橘 | 常绿 | 3~4 月 | 黄白 | 10~12 月 | 橘黄 | 观果 |
| | 柚 | 常绿 | 3~4 月 | 白 | 11~12 月 | 金黄 | 观果 |
| | 桃 | 落叶 | 3 月 | 粉 | 6~7 月 | 粉红 | 观花观果 |
| | 杨梅 | 常绿 | 4 月 | 白 | 6~7 月 | 深红 | 观果 |
| | 桑树 | 落叶 | 5 月 | 白 | 5~6 月 | | 观花观果观叶 |
| | 腊梅 | 落叶 | 1~2 月 | 黄 | | 黑紫 | 观花 |
| | 桂花 | 常绿 | 11 月 | 白 | | | 观花 |
| 灌木 | 金银花 | 落叶 | 5~6 月 | 白 | 8~10 月 | 鲜红 | 观花观果 |

（续）

| | 名称 | | 花期 | 花色 | 果期 | 果色 | 观赏特性 |
|---|---|---|---|---|---|---|---|
| | 石榴 | 落叶 | 4~6月 | 白 | 9~10月 | 鲜红 | 观花观果 |
| | 油茶 | 常绿 | 1~2月 | | | | 观花 |
| 攀援 | 葡萄 | 落叶 | 4~5月 | 黄绿 | 8~10月 | 青、红 | 观果 |
| | 凌霄 | | 4~5月 | | | | 观花观果 |
| 水生植物 | 荷花 | | 6~9月 | | | 白、粉 | 观花观叶 |
| 草本 | 菊花 | | 10~11月 | | | 色彩丰富 | 观花 |
| | 南瓜 | | 5~6月 | | | 黄色 | 观果 |
| | 萱草 | | 5~9月 | | | 黄色 | 观花观叶 |
| | 草莓 | | 3~4月 | | | 白色 | 观果 |
| | 丝瓜 | | | | | | 观果 |
| | 甘蓝 | | | | | | 观果 |
| | 西瓜 | | | | | | 观果 |

### （三）农作物的景观营造

1. 农作物生产过程景观营造

乡村拥有丰富的地形，在乡村景观中可以将自然的山体和微地形保留下来，将它与植物一起营造丰富多样的景观效果。通常情况下成片的向日葵景观和油菜花景观结合地形形成壮丽的大地景观，是乡村所特有的景观效果。在农作物的植物的选择上可运用单一的植物形成壮丽的大地景观，也可运用多样的植物形成丰富的植物群落景观。

在生产过程中对农田的肌理进行创意性设计，可以构造农业的新景观。如为了增加农业景观的趣味性，可以将农作物种植成“迷宫”的形式；为了使创意景观具有时尚性和互动性，可将农田变为景观的展示场所，种植创意花田，设计花田稻草人、花海采风活动等；为了使景观有更好的体验性，可在田间增加农事体验的活动，如割麦子、打麦捆、拾麦穗等。

2. 农作物种植方式的景观设计

农作物景观可结合农业科技，通过对传统作物的种植方式的改变，创造出新、奇、特的农作物景观。如利用“无土栽培技术”，在空中种植红薯、豆类等藤蔓农作物的立体化景观。利用“无土雾化技术”栽培蔬菜，使蔬菜长在空中，使农作物景观产生神秘感等。

3. 农作物景观规划设计

农作物景观规划是将大规模的农业生产景观进行合理规划，以形成千姿百态的农业风光。目前最常见的形式是农业观光园的规划，农业观光园是以农作物为主要观赏对象，规划根据以人为本的理念，将不同观赏特征的农作物结合花卉、观赏乔木和药用植物、果树等进行合理搭配，形成既具有观赏性又具有经济效益的农作物景观。以进行乡村观光、采摘、品尝与销售等旅游活动设计。

# 第五章

# 乡村动物景观生态资源升级保护与合理开发方式

在茂密的森林中，各种兽类频繁活动，敏捷的身影转瞬即逝，仅留下踪迹让游客猜想。树上，各种鸟类跳跃争鸣，鸣声婉转，悦耳动听。在清澈的溪流中，鱼翔浅底的景观更是随处可见，极具情趣，颜色鲜艳的锦鸡，在林中幽径休闲散步，见人不惊。近几年来，生态环境的极大改善，森林中的野生动物活动日趋频繁，野生动物资源成为生物资源中一道亮丽的景观。然而，一般乡村的动物景观日渐稀少。由于人类对自然资源的疯狂侵占，原始森林在中国一般乡村几乎殆尽，野生动物也就销声匿迹。加之工厂化养殖普遍推广和乡村庭院养殖严令禁止，更是难以见到过去那方“鸡犬相闻”的动人景象了。怎么办？只有走种养业相结合的生态型发展道路。不同的土地种上了不同的作物，放养着不同的动物，该封闭的封闭，该开放的开放，以及如何将开放与封闭有机结合起来等不同形式的做法，将形成生动的乡村动物景观生态资源发展的新气象。

## 第一节　乡村动物景观生态资源升级保护与合理开发方式

### 一、乡村动物景观生态资源分类

乡村动物景观生态资源是指在乡村中可以看到的所有动物种类及生活环境。按其所在的生活环境可分为：乡村野生动物景观及乡村畜牧水产景观。

（一）乡村动物景观生态资源

按其生物学特征又可分为：哺乳类，如各类家畜及野生猪、兔、鹿、虎、熊猫、猴、牛羚、白鳍豚、大象等；鸟类，如天鹅、孔雀、白鹤、鹭、鹰等；爬行类，如蛇、扬子鳄、龟等；两栖类，如大鲵、蛙类等；鱼类，如食用草鱼、鲤鱼、鲢鱼及观赏金鱼、热带鱼、斗鱼等；无脊椎动物，甲壳类如大龙虾、蟹等，贝类如珍珠贝、红螺、扇贝等；昆虫类，如蝴蝶、蜻蜓、蚂蚁等；低等无脊椎动物，如水螅、淡水水母等主要出现在环境没有污染的水中。

### （二）乡村动物景观按照生态旅游资源特征分类

1. 观赏动物景观

动物的体形千奇百怪、各具特色，蕴藏着一种气质美。如野生虎，体形雄伟，颇有山中之王的气度；长颈鹿、长鼻子大象、“四不像”麋鹿等都具有观赏价值。北极熊、斑马、金钱豹等都是以斑斓的色彩吸引旅游者的野生动物景观。

2. 珍稀动物景观

珍稀动物景观指野生动物中具有较高社会价值、现存数量又非常稀少的珍贵稀有动物环境景观。我国一类保护动物中有大熊猫、东北虎、金丝猴、白鳍豚、白唇鹿、藏羚、野骆驼，长臂猿、丹顶鹤、褐马鸡、亚洲象、扬子鳄、华南虎等。其中大熊猫、金丝猴、白鳍豚、白唇鹿被称为中国四大国宝。

3. 表演动物景观

动物不仅有自身的生态、习性，而且在人工驯养环境下，某些动物模仿人的动作或在人们指挥下做出某些技艺表演产生的场景。如大象、猴、海豚、狗、黑熊等人工饲养景观。

4. 劳作动物景观

许多动物已经被驯养成为人类劳动的帮手，如马、牛、骆驼、驴子等。在现代运输机械异常发达的今天，虽然这些动物已经不再是主要运输工具，但他们却被当成旅游资源在景区内充当特色交通工具和娱乐项目形成的景观效果，给旅游者增添了许多乐趣。

5. 家养动物景观

家养动物包括宠物和牲畜，不仅增加了人类生活的情趣，还能够表演各种特技，如赛狗、赛马、赛猪、斗鸡、鹦鹉说话等情景。

## 二、乡村动物景观生态资源升级保护与合理开发的意义

野生动物的生存直接关系到人类生存的地球环境变化。随着科学技术发展，生态环境遭到破坏，野生动物种群呈现出下坡趋势，说明了人类对生物产生的影响加剧，生态系统变化是一个整体，地球所有的生命体都是一种依赖的关系，根据世界自然基金会（WWF）最近的《地球生命力报告 2018》显示，野生动物种群数量不容乐观，数据显示，自1970—2014 年的 44 年之中，野生动物种群数量消失（灭绝）了 60%，这个比例超过了50%，也就是说超过一半的野生动物种群已经彻底消失了。野生动物生态资源保护的意义：野生动物是大自然的产物，自然界是由许多复杂的生态系统构成的。有一种植物消失了，以这种植物为食的昆虫就会消失；某种昆虫没有了，捕食这种昆虫的鸟类将会饿死；鸟类的死亡又会对其他动物产生影响，这是食物链关系。所以，大规模野生动物毁灭会引起一系列连锁反应，产生严重后果。我们不仅要保护好野生动物，同时也要保护好野生动物的生活环境，要为它们的生活环境的脆弱担心与担当，因为有许多野动物及生活环境已经在逐步被人类消灭、占有和破坏。

### 三、乡村野生动物景观生态资源升级保护与合理开发的途径

根据科学报告指出，人类是野生动物的最大威胁，过度开发生态系统及对生物栖息地的影响都是其中的原因。根据《自然》杂志的权威报道，保护野生动物最好的国家是俄罗斯，大多数地区是人类没有涉足的地区及水域，其中超过一半的是陆地保护区域。排在前十位的还有法国，太平洋岛国基里巴斯，中国，新西兰和阿尔及利亚我国排列前 10 名。加大生物的保护是人类共同愿景，地球生态环境会越来越美好，人类生活质量将会随之大幅度提高。野生动物景观特征主要表现在其外貌形象及活动场景，体现在动物的叫声、动物的智慧。景观途径是到乡村旅游居住实际观看体验，也可以从电视，网络上观看一些有关乡村动物的视频资料，自行拍摄动物景观珍品收藏，景观营造与欣赏，到乡村野生动物园中观看具有景观性的动物活动景观，养些具有观赏性的动物供人赏玩，娱乐。目前，国内外在环境管理和物种保护方面已经开始大量利用景观生态学方法，其中 3S 技术成为景观生态学研究中不可或缺的关键技术。

## 第二节　乡村畜牧景观生态资源升级保护与合理开发方式

现代乡村畜牧景观生态资源主要包括生态动物养殖业、生态畜产品加工业和废弃物（粪、尿、加工业产生的污水、污血和毛等）的无污染处理业等畜牧业景象生态资源。现代乡村畜牧景观生态资源是指模拟草原生态系统的物种共生循环再生原理，运用系统工程方法，把食物链循环、生物共生“边缘效应”混牧利用等生态技术组合对接，充分发掘生产潜力，进行无废物无污染生产，以获得长期稳定的生态经济效益，它是生态工程在乡村畜牧景观生态资源生产中的具体应用。乡村畜牧景观生态资源升级保护与合理开的主要内容有：①建立完备的复合景观生态资源系统结构。即生产者、消费者、还原者比例协调，饲料和畜产品加工景象与生物资源生产衔接。②发挥系统优化功能。即物质的多层利用，节约能量，减少废物，控制污染，扩大积累，实现高产的景象。③进行科学的评价和管理的效果。

### 一、乡村畜牧景观生态资源的生态型特征

（1）乡村畜牧景观生态资源是以畜禽养殖为中心，同时因地制宜地配置其他相关产业（种植业、林业、无污染处理业等），形成高效、无污染的配套系统工程体系，把资源的开发与生态平衡有机地结合起来。

（2）乡村畜牧景观生态资源系统内的各个环节和要素相互联系、相互制约、相互促进，如果某个环节和要素受到干扰，就会导致整个系统的波动和变化，失去原来的平衡。

（3）乡村畜牧景观生态资源系统内部以“食物链”的形式不断地进行着物质循环和能量流动、转化，以保证系统内各个环节上生物群的同化和异化作用的正常进行。

（4）在乡村畜牧景观生态资源中，物质循环和能量循环网络是完善和配套的。通过这个网络，系统的经济值增加，同时废弃物和污染物不断减少，以实现增加效益与净化环境

的统一。

乡村畜牧景观生态资源升级保护与合理开发是现代生态文明的产物，代表着未来乡村畜牧景观生态资源发展的方向。畜牧是大产业，景观是大概念，生态是大问题，乡村畜牧景观生态资源利用生态化关系着整个生态系统的平衡与安全。生态化乡村畜牧景观生态资源对工业化乡村畜牧景观生态资源不是全盘否定，而是否定之否定。“生态化”也不是将“工业化”推倒重来，而是扬长避短地提升。既是对工业化乡村畜牧景观生态资源的颠覆与革命，也是对工业化乡村畜牧景观生态资源的继承和发展。生态畜牧是一个以生态文明为指导思想的产业，是大农业领域为深入落实科学发展观而规划创意的战略性新兴产业。生态畜牧前连生态种植农业，后连生态化农产品加工业，由绿色低碳服务业渗透其中，将生态文明贯穿于产业链各环节的产业体系。当前影响我国乡村畜牧景观生态资源稳定、和谐、持续发展的突出问题，都属于生态系统失衡出现的问题，只有通过生态化途经才能解决。生态畜牧是资源节约环境友好型生产方式，以互联网为产业链操作工具，采取生态化技术路线，是现代乡村畜牧景观生态资源可持续发展的最现实的唯一途径。

## 二、乡村畜牧景观生态资源现阶段发展的三个类型

### （一）乡村传统畜牧景观生态资源发展类型

其特点是在村庄里庭院内进行零零星星的野外养殖，“老太太养鸡、老爷爷养牛、老大伯养猪”的原始生态资源发展类型，是现已逐步消失的传统畜牧。

### （二）乡村工业畜牧景观生态资源发展类型

工业化是乡村畜牧景观生态资源领域的一场革命，由于采取了优良品种，全程配合饲料，先进的设备工艺等。极大地提高了乡村畜牧景观生态资源产业的效率，大幅度地增加了新产品的产量。在短时间内就迅速改变了中国肉蛋奶短缺的局面，历史性地满足了人民群众对畜产品的消费需求，取得了举世瞩目的成就。但是，规模化、工厂化乡村畜牧景观生态资源产业，严重污染土壤、水源和大气等环境，是江河湖泊富营养化的罪魁祸首。导致畜禽疫病、农药与抗生素残留等食品安全问题。危害人民群众健康，引发国际贸易壁垒摩擦，难以持续发展。工厂化乡村畜牧景观生态资源生产是落后的传统工业文明的产物。

### （三）乡村畜牧景观生态资源发展类型

影响乡村畜牧景观生态资源稳定、和谐、持续发展的突出问题，诸如饲养动物疫病问题、农药与抗生素残留问题、动物福利问题、动物食品质量安全问题、饲养动物的环境适应性与抗病力问题、生物多样性问题、草原超载过牧与退化沙化问题、土壤退化与水源污染问题、农牧林结合发展问题、气候变暖和节能减排问题，都属生态系统失衡出现的问题，只有通过生态化途经才能解决。

我国乡村畜牧景观生态资源产业正处在十字路口上，正在由传统乡村畜牧景观生态资源向现代乡村畜牧景观生态资源转型。那么转型的方向在哪里？转型的路线图是什么？对于中国乡村畜牧景观生态资源转型的大方向，党中央已经指明，这就是按照科学发展观和建设生态文明的要求，建设资源节约型、环境友好型乡村畜牧景观生态资源；建设人与自

然和谐共处，以人为本的健康型乡村畜牧景观生态资源；建设循环经济可持续发展型乡村畜牧景观生态资源。

## 三、乡村畜牧景观生态资源升级保护与合理开发方式

当前，国家正在筛选培育战略性新兴产业。战略性新兴产业是着眼未来的产业，是能够成为国家未来经济发展支柱的产业。战略性新兴产业具备资源消耗低、带动系数大、就业机会多、综合效益好等特征。对照战略性新兴产业标准，生态畜牧产业符合入选条件。不仅是为了应对经济金融危机的权宜之计，也是面向未来并着眼长远的重大战略抉择。

十八大报告把生态文明纳入社会主义现代化建设的总体布局，作为转变生产方式和生活方式的战略任务，正在全面贯穿到我国经济、政治、文化、社会建设的各方面和全过程。生态畜牧是绿色低碳循环生产方式，是低碳健康型生活方式，是农业领域对生态文明的具体落实。乡村畜牧景观生态资源承前而启后，前连种植业，后连加工业，是大农业的主要角色。乡村畜牧景观生态资源在大农业当中的分量非常重要，世界发达国家乡村畜牧景观生态资源产值占农业的比重普遍超过50%，甚至达到70%以上。在我国，无论现在还是将来，乡村畜牧景观生态资源都是农村经济的重要支柱，都是农牧民增收的重要途径，也是新农村建设中发展现代农业的重要内容。具体表现在以下几个方面：

### （一）带动农业发展方式整体转变

畜牧是大产业，生态是大概念，乡村畜牧景观生态资源产业是现代生态文明的产物，代表着未来乡村畜牧景观生态资源发展的方向，影响着整个生态系统的平衡与安全。乡村畜牧景观生态资源在产业链中承前而启后，承上而启下，是连接产业链上中下游的纽带，是产业链产前、产中、产后各环节的桥梁。我国乡村畜牧景观生态资源向低碳的生态畜牧发展方式转变，会带动产业链上游种植业发展方式转变，能引导农畜产品加工业向低碳绿色方式转变，会促进消费方式向绿色低碳转变。能够推动构建资源节约型、环境友好型生产方式，促进低碳绿色生活方式和消费模式的形成。生态畜牧牵一发而动全身，发展乡村畜牧景观生态资源就是抓纲举目，推动促进我国农业发展方式整体转变。

### （二）具有广阔市场空间的大产业

人们在实现温饱小康后，更注重身体的健康，更加关注畜产品的安全问题，同时也关注产区的生态环境、畜禽饲养方式及动物福利状况等。在不久的将来，我国居民对畜产品的需求将会升级换代，人们将更多地消费生态畜产品。生态畜产品代表着人类食品消费的未来，成为人们青睐和选择。在这样的发展潮流推动下，生态畜产品将会出现巨大的市场空间，这是全球化的大趋势。所以，要靠大力发展乡村畜牧景观生态资源来满足。发展生态畜牧是对科学发展观的具体落实，我国乡村畜牧景观生态资源通过向低碳绿色发展方式的转型，能够使我国在低碳绿色生态畜牧方面获得更多的话语权，以抢占未来全球经济增长制高点。

### （三）带动我国农产品升级换代拉动内需

生态畜牧产品在提高了农民收入同时。也开发城市潜在消费需求，生态畜牧是健康的

生产方式，生态畜牧产品是健康的生活方式，能够推动城市的食品消费结构进行升级换代。生态畜牧产品的价格是普通农产品的1~3倍，通过提高农产品品质价值。扩大了居民消费需求容量，扩大了内需的总量，引领了消费增长，使其成为拉动内需的重要动力，发挥城乡联动共同拉动内需的巨大力量。通过城乡统筹，推广生态畜产品的生产与消费，把农村的生产与城市的消费结合起来，就是大产业，就是大市场。城市人能够消费绿色健康安全的农产品，农村人能够收获就业增收，城乡居民双赢双收。扩大内需是我国当前改革发展的战略性目标，中央经济工作会议强调，要大力发展内需，要通过消费转型升级换代来拉动内需。农民作为我国最大的低收入群体，启动内需消费必须增加农民收入。

### （四）低成本地进行畜禽疫病防治

畜禽是有生命的动物，采取工厂化高密度的饲养方式，由于违背了动物的自然天性，剥夺了动物福利，在应激状态下生存，因此也危害了动物的健康。生态畜牧把畜禽从圈舍笼栏中释放出来，充分利用草地林地放牧饲养，给饲养畜禽以蓝天绿地新鲜的空气，自由运动的空间，让他们健康的生长，不发病。疫病、药残、动物福利等食品安全问题、国际贸易绿色壁垒问题等，都能够通过生态化饲养方式得以解决。采用生态化方式防治畜禽疫病，能够大大减少药品的投放，降低畜禽养殖防疫成本。采取生态畜牧生产方式，以农户为单位化整为零分散在田边地头饲养畜禽，在林地草地中饲养畜禽。畜群之间在地域上互相拉开距离，由绿色植物进行间隔，以林地农作物草地等作为天然隔离带，形成天然防疫屏障，进行生态化防疫。

### （五）有效防治工厂化养殖造成的环境污染

大型规模化养殖场或集中化的养殖小区，造成了养殖业与种植业的脱节分离。一方面，规模化工厂化集约化的养殖业，粪便污物大量集中排放，对局部区域环境造成过量超载。其排放量已是工业有机污染物的4.1倍，致使全国3/4的江河湖泊出现了氮磷富营养化问题。另一方面，由于种养分离，导致土壤缺乏有机肥，造成土壤有机质下降和耕地质量退化。生态畜牧是环境友好型产业，通过种养结合循环农业生产方式，可以低成本地解决种养分离造成的耕地退化问题，可以低成本地解决规模化养殖环境污染问题。种养结合就是把种养活动结合在每个农户中，结合在每块农田里，结合在每片果园林地中。这样，养殖活动就从农民的庭院里迁移出来，不再污染村庄庭院环境，解决了养殖垃圾对村庄庭院的污染问题，有利于建设村容整洁的新农村。实行种养结合，把小型规模化的养殖活动安排在田间林地，这样饲草饲料可以就近饲喂，节约运输人工等资源，属于资源节约型农牧业。农户将养殖活动分散在各自承包的田间地头或林地里，种养业有机组合在一起。畜禽粪便作为肥料，也就近施入农田，提高了土壤有机质，是循环型农牧业的典范。

### （六）推动资源节约环境友好型农业生产方式形成

我国农业资源的数量在使用消耗中逐渐减少，质量也在不断下降。工农业生产对环境的污染日趋严重。农业生态恶化对农产品的污染加剧，不断引发了食品安全问题，危害了居民身体健康，也影响了国家形象。同时，农牧业生态恶化也导致发展后劲不足。我国的农耕文化传统是种养结合循环农业生产方式，符合我国人多地少的国情，实行种养结合、循环农业、生态畜牧生产方式，将种养业化整为零地落实在农户中，结合在具体地块里，让农民从事种养两业复合型产业，实行农牧结合、林牧结合。在农户中推行种养结合循环农业生产方式，用农家肥替代化肥，减少了化肥使用量，摆脱了对化肥等资源的过度依赖，能够降低农民种粮生产成本。这种农户利用自家耕地种植草饲料，减少了对国际市场进口豆粕的依赖，能够降低畜禽养殖成本，也降低了国际化风险的运营模式，已经是乡村畜牧景观生态资源升级保护与合理开方式的最好选择。

## 第三节　乡村水产景观生态资源升级保护与合理开发方式

乡村水产景观生态资源是指乡村水域中蕴藏的经济动、植物的种类及数量的总称。乡村景观生态资源包括幼体和成体两部分的生产情况。乡村水产景观生态资源蕴藏量的变动及种群的消长，通常因自然环境（海流、水温、底质、有机盐类等）的影响外，同时也与人类的合理采捕、亲幼体保护、水域生态系统的平衡等有密切关系。乡村水产景观生态资源中的鱼类、虾类、蟹类、贝类、哺乳动物、藻类及水生植物等，为人类提供了大量营养丰富的食用品及工业和医药业原料。因此，应实施保护政策，合理利用，免遭破坏。随着现代经济不断发展，人们对饮食健康问题越来越重视。因此，生态养殖模式景象出现在人们眼前，生态养殖模式是以健康生态为基础，改善膳食结构的同时提高农民收入水平，使生态养殖业可持续发展。

### 一、乡村水产景观生态资源发展现状

发达国家的乡村水产养殖技术较为先进，是因为发达国家对环境的保护严苛，体系制度较为完善，并能落实到实处。养殖的污水排放标准和惩罚机制都有严格要求，并且部分国家的相关法律条文也对此作出严格要求。在养殖业受到国家重视和保障的同时，精细化的管理技术也在养殖业中得到了应用，应用技术较为成熟，融入了养殖评估体系的建立和工业化管理技术。近年来，我国对生态水产养殖模式越来越重视，政府及相关部门对生态资源进行整合，协调各级政府及各部门对乡村水产景观生态资源加以重视，并开展相关活动。政府的重视使水产生态养殖业发展前景良好，但是随着传统乡村水产景观生态资源的水域环境的恶化和硬件设备的陈旧，传统的乡村水产景观生态资源受到冲击，使传统乡村水产景观生态资源发展和其资源环境发展之间矛盾日益突出。尽管在我国的养殖模式中，天然水域和人工水域均可发展乡村水产景观生态资源升级保护与合理开发模式，但是生态养殖业是基于多种资源保护与开发的生态管理学知识技能的全面提高，对我国水产养殖绿色健康发展也有着可持续发展的意义。近年来，我国养殖模式的不断优化和引进先进管理技术，养殖品种也在不断升级，但乡村水产景观生态资源保护与开发的方式比较单一，集约化程度普遍不高，大多是半集约化管理模式，标准化和机械化程度也相对落后。

### 二、乡村水产景观生态资源发展模式中出现的问题

#### （一）我国现在水产生态养殖集约化和机械化程度不高

生态水产养殖必须强调，生态系统完整联合，政府在资源管理上要加强，建立和完善

资源管理机制。发达国家对鱼类集群行为习性的了解丰富，且养殖技术全程得到控制，集约化养殖已经形成自然。我国乡村水产景观生态资源大多是分散型农户单一养殖，粗放型水产养殖和半集约化养殖较多，集约化养殖形成较为困难，主要是因为我国淡水养殖体系发展不完善，各类分支的联动性不强，养殖场的硬件设施落后，自动化和机械化程度较低，影响了乡村生态水产养殖景观生态资源升级保护与合理开发的最优化发展模式的形成。

### （二）现行水产生态养殖模式的技术应用单一

我国乡村在水产养殖过程中，对环境的承载力了解不够，导致大量的生态资源浪费或者污染，在养殖中，布局和容量都没有得到科学合理的规划设计，环境布局的胡乱和容量的超载开发，使大量水域资源得不到有效利用或者严重污染，现行单一的养殖方式抑制了生态养殖技术及模式难以推广，生态环境与乡村水产景观生态资源的发展矛盾加大，不断地以消耗生态环境资源为代价，养殖业受到阻碍，形成了不良的生态循环系统。

## 三、最优化乡村水产景观生态资源发展模式策略

### （一）生态养殖种养结合

生态养殖提高土地、水域资源的利用率，以此来提高养殖效益，使生态环境和水产养殖能和谐发展。种养结合的复合型养殖是基于生态环境养殖的新模式，从生态体系食物链入手，将水产养殖中出现的排泄物进行合理收集并利用，化废为宝，使其转化成可再次利用的有机肥，大大降低了养殖成本。

### （二）加强大水域生态养殖技术

单一的生态养殖技术难以使大环境得到改变，只有加强大水域的生态复合型养殖新技术的不断发展，才能使渔业资源得到保护，新的复合型养殖模式得到优化。新的复合型水产生态养殖技术的开发，直接提高了水产养殖的生态环境容量，并且提高了养殖质量，完善了生态养殖体系。在具体的水产生态养殖过程中，贯彻以生态环境和健康养殖为主的新的复合型养殖模式，通过研究开发新的复合型水产养殖技术，保护生态环境，来修复受到污染和损害的水域。

### （三）环境友好型养殖技术

为了使水产生态养殖适应环境友好型、资源节约型方针，水产养殖的发展和生态环境之间的矛盾必定要得到解决，因地制宜，灵活运用各种方法进行复合型养殖，只有这样，才可以最大化解决环境污染、水质恶化、水产品质量参差不齐等水产养殖问题。在水产发展新理念的引导下，我国乡村水产景观生态资源保护与开发引进先进养殖技术，并考察环境，使生态环境和乡村水产景观生态资源之间和谐发展。环境友好型养殖直接推动了乡村水产景观生态资源的发展，可使乡村水产景观生态资源持续稳定发展。

# 第六章

# 乡村建筑景观生态资源升级保护与开发方式

建筑是自然与人文的结合体。在英文“Architecture”本意为巨大的工艺，是技术与审美融合的产物，强调建筑精神的非物质性。它是物质的、技术的、实用的，精神的、与大地景观生态资源紧密结合在一起；也是与文化态度、宗教情感、哲学思想、伦理规范、艺术情趣与审美理想相结合的综合体。它既是物质的存在，又是精神的存在。因此，建筑是自然生态资源情景和人类美学观念意境完美融合的物质与非物质文化相结合的产物。

乡村建筑景观生态资源包括自然景观生态资源素材与社会民间工艺技术相结合的乡村民居建筑、乡村庭院建筑及乡村村落建筑群的表现形式。乡村传统建筑在其民居经营中追求顺应自然、相互和谐。这种风格是由当地工匠用同样的技术和材料，反映同样的精神追求，就地取材，顺应自然而形成的。乡村民居室内外既有联系又有分隔，达到开敞、通风、采光的效果。乡村宗祠建筑，如气派恢宏的祠堂、高大挺拔的塔楼、装饰华美的寺庙等，反映了建筑资源的某一侧面，是乡村发展的历史见证。传统乡村建筑景观生态资源意象独特，可概括为生态资源开发利用之上、区域尺度以下的组织层次，是地形地貌、岩石泥土、植物材料相配合运用和人类构思筑物的综合体，是人类活动与自然生态资源系统之间的综合关系，它具有自然生态资源的异质性，同时又具有生态和文化的双重价值。传统乡村建筑景观生态资源的形成是以满足人类居住生活物质为目的，以适应乡村农耕生产和生活的物质需求为基础建立起来的视觉形象元素总和，其中当地的自然地理景观生态资源对乡村民居建筑景观生态资源的形成起着决定性作用，同时伴随社会文化历史的变迁，乡村民居建筑景观生态资源在发展过程中，不断适应新的社会文化景观生态资源和经济发展状况，村落风貌发生了一定变化。因此，乡村建筑景观生态资源的形成和发展与自然地理景观生态资源、社会历史文化生态资源及经济发展状态紧密相连。随着时代的发展，人类希望在栖居的同时，对乡村建筑景观生态资源应有的舒适、便捷和美观有更高的需求，于是根据地域的自然条件和气候特征，创造了不同形式的民居景观建筑，以满足当地人使用和审美的双重需要。乡村建筑景观生态资源空间在不断适应人们生活需求的同时，受到村落文化信仰、风俗习惯、生产方式、宗法体制、道德民风等非物质文化因素的影响，使不同地区的乡村建筑景观生态资源呈现独特的乡土气息和乡村意境。

如今一些乡村建筑资源丰富的地区陆续被开发出来，带动了周边村落的发展。人们对旅游的目的不再是传统的景点观光，而偏向于“体验式休闲旅游”，民宿客栈及乡村度假酒店这类新的住宿方式应运而生。但国内目前的乡村休闲旅游开发过于粗放，建设性破坏、产品同质化等问题严重，不仅导致游客的旅游体验大打折扣，对于传统村落和民居的保护和可持续发展也有负面影响，这些现实困境均是不可忽视的。乡村聚落最主要的问题是保护与开发聚落风貌和布局的保存。民居设计最显而易见的是民居的空间形式与老旧的设施无法满足现代人对日常生活的需求，简单的原貌修复及增设设备并不能从根本上解决问题。

## 第一节　乡村民居景观生态资源升级保护与合理开发方式

### 一、乡村民居建筑景观生态资源的特点

乡村民居景观生态资源是由自然元素和人工元素共同组成，乡村民居景观生态资源与城市民居景观生态资源虽然具有许多共同的本质特征，都是人生存活动的物质载体，是人们进行生产、生活、休息和政治、文化交流活动的场所。但它仍然有其自己的特点：

#### （一）乡土性

陶渊明对乡村优美景色和农民朴素生活的真实描绘，表达了乡村乡土生态风光和生活之优美。最具吸引力的乡村民居景观生态资源有村落、耕地、稻田、草地和果园，给人们留下难以忘怀的印象。谷物农田精致的黄绿颜色搭配，粗犷有序的梯田线条肌理效果，自然自由组团的民居院落布局形式，共同构成乡村民居景观生态资源中惊人的形式美，并成为其审美价值中的重要内容。

#### （二）生态性

中国乡村民居建筑是充分尊重当地本土特点的，不破坏乡村生态资源保护与开发，因制宜地对居住景观生态资源进行创造性的利用。乡村民居景观生态资源的生态性包括景观生态资源的丰富性、生物的多样性、景观生态资源各要素的协调性利用。自然景观生态资源的丰富性是乡村民居景观生态资源中重要构成元素，乡村民居景观生态资源对自然农耕生产、生活方式更为依赖，不仅农业生产方式受到水、土、光、热、气等自然力的影响，而且乡村生活方式保证了当地动植物种类和数量的多样性，从而维护了自然界的生态平衡。乡村民居景观生态资源与自然的生产生活方式密不可分、相互依存、相互融合。乡村民居建筑与自然界形成一种比城市居民更为密切的、共生共栖的生态关系。

#### （三）农业性

乡村民居景观生态资源是居民为适应农耕、畜牧、渔猎生产和生活方式而形成的，是在上千年农业文化的演化过程中为适应自然界条件产生的。具体的说，是人们从事以开垦、种植、畜牧等农业为主的居民聚居空间模式，乡村民居景观生态资源的特点，随着现代社会的发展，农村经济生产结构发生的改变，第二、三产业得到了快速提升，但农业依然是当地支柱产业，是农民收入的重要来源。农村产业结构可以调整，农业产业的经营方式可以变化，但乡村民居景观生态资源的农业生产性依然存在可持续发展的需要。乡村民居景观生态资源是由民居、山林、河川、农田、耕地、道路以及公共设施共同组成的地表

宏观肌理表现。一个完整的乡村民居景观生态资源包括地形特点、地形与民居分布的关系、农田耕地与民居的关系、民居彼此之间的联系、耕地的区块划分、道路网及水系构成等因素，这些因素都直接影响乡村民居景观生态资源的平面形态。乡村平面形态根据民居的分布和排列情况，可分为集中式布局和分散式布局两大类。集中式布局多见于地势平缓、面积广阔、交通便利、经济较为灵活的山区外围地段，如中心集镇、河流或道路两岸。这些地方的农户民居集中布置，组成较为紧密的群体。根据地势的，集中式布局按照聚居形状可以分为组团状和线状分布。分散式布局多见于偏远山区，由于地形复杂多变，缺乏可供集中聚居的平坦地势资源，且耕地分散，农户为了最大限度地接近自己的耕地因而分散建设民居，以独户，或者三、五户，多则十余户的形式沿着山林地势变化而零散分布。这是最常见的散点式村落表现形式。

河川地带农林产区

平缓地带水稻产区

（四）自发性

乡土民居是一种地方的、无名的、自发的、土生土长的、乡村的、带有乡村生态味的、人们自行搭建的遮蔽物。乡土民居是在没有更多资源对民居进行修辞的条件下，产生的一种更原始的民居，在它们身上散发着一种自然本能的生命力。现代化的民居设计都是用推土机改造世界，然而推土机却推平了人类生存的本能。我们应该学会用一种自发性的本能智慧去生存，学会更好地和自然相处。村民为了自给自足的生产和生活需求，不断对赖以生存的土地进行改造和完善，自发创造一种从土里面生长出来的乡村生态生活美景。因此，乡村民居景观生态资源的创造者是当地居民，使用者也是当地居民，它们没有专门的设计师，没有甲方和业主，工匠与居民就是设计师，工匠与使用者一起共同参与每一个民居景观生态资源要素的创造，边设计，边修建的模式，工匠和村民承担整个建造过程的决策、建造、协调和使用，不存在民居设计与使用脱节的问题。并且在长期生产、生活实践过程中，通过他们对不断发展变化的生产生活景观生态资源的理解和认识，根据生活需求不断提高和改善居住景观生态资源，从而不断寻求与变化相适应的生存空间场所，许多不适应当地气候和地理景观生态资源，不符合当地居民生产生活需求、不适合人们审美情趣的民居景观生态资源实体要素或建造工艺技术将逐渐被淘汰，而遗留下来的是属于当地特有的、固定的、统一的建造技艺或民居实体，并且在短时间内不容易变化。自发构建的乡村民居结构材质生态资源与自然地形地貌生态资源、植被景观生态资源、历史文化生态资源相得益彰，形成极具地方特色的乡村民居景观生态资源系统空间模式。

北方自然村建筑　　南方自然村建筑

（五）整体性

乡村资源赋予了民居的外在形式营建，给人一种直观整体的感受。村落民居资源中以“土、木、石、砖”四大类来进行分析其特点：色彩、纹理、尺寸、结构的不同资源在民居景观生态资源中的空间形态和情感表达是不同的。要么运用传统材料结构以村落最古朴的形式去改造以保留乡村特色；要么完全推翻传统材料，全部运用现代材料结构进行乡村营建以适应现代社会的审美和功能，而既要留住乡村特色又要实现乡村的现代功能，融合新资源与传统资源于一体，创造具有地域特色的乡土民居建筑景观生态资源特色的景观不多，因而难以达到村落整体和谐的效果。为此，必须从以下三个方面来考虑实现其整体性：

1. 民居装饰性

在建筑材料中不同的质感、肌理与色彩特性各有不同，利用不同材料的特性便能使同一民居景观生态资源呈现不同的美感，表达出不同的设计理念和情感，使人充分理解民居景观生态资源之美的设计。

2. 民居结构性

从适于民居建筑的角度讲，安全性与耐用性尤为重要。安全性上，民居结构要求材料能最大程度的承受各种设计的荷载，足够的强度和抵抗变形的能力，耐用性上，材料应具备防水、保温、隔热等特性。这样既可以保证基本的功能空间的作用，也可以创造出舒适的生活景观生态资源空间特色。

3. 民居空间性

实体元素是构筑空间品质的决定性因素，资源所拥有的真实体验感，让资源在塑造空间上体现了自身的价值。民居景观生态资源的应用风格多样性属性往往取决于民居生态资源运用的体现，合理运用民居景观生态资源能够营造出独特的空间氛围。不同的地域都拥有其独特的自然生态资源和文化生态资源根基，而资源正是承载这些不同地域特色的本土文化情感的基本元素。

## 二、乡村民居建筑景观生态资源保护与开发情况

### （一）乡村建筑景观生态资源保护与开发现状

（1）简单的原貌修复及增设设备并不能从根本上解决现代人对乡村日常生活的需求问

题。乡村民居的改造多属村民自发行为，缺乏法律约束，使得相当一部分民居简单粗暴地被现代民房所取代。民宿产品的质量也良莠不齐。提出这一研究课题，主要从建筑改造设计的微观层面来考虑问题并提出解决方案。纵观目前对民居景观生态资源的研究多局限于保护层面，开发与利用层面缺乏系统全面的探讨。而且目前旅游景区内的民宿酒店产品，实践先于理论，这方面研究的学术论文不多，且集中于旅游、管理等领域。如何将民居和民宿客栈相结合？如何将保护与开发的关系平衡起来升级保护与合理开发？如何在改造中体现乡村地区的地域性特色？结合对乡村地区相关案例的调研，分析其优缺点，总结出一套适合一般乡村地区民居民宿化改造的策略和手法。

（2）缺少有特色的民俗活动。民客栈改造不仅是一个物质表面，更是一个文化内涵。改造中相应的配套服务，要为后期运营安排特色民俗活动体验打下基础，不能空有民宿的名头，却没有民宿的灵魂，只是给人们提供了一个住宿的地方，不能让人体会到传统的生活方式，跟城市里的宾馆的区别在哪里。很多客栈，经营者仅留下前台接待和保洁提供最基本的住宿服务，住客来这里住宿也不会有融入当地生活的感觉。

简单修复的农舍及环境　　简单的草屋及环境

（3）推广和宣传没有很好地利用已经发达的“互联网+”，使游客便捷地了解和搜索到民宿，有些乡村民居对互联网的应用停留在订房和业务结算上，连网站都没有开通，即使开通了也评价寥寥，使用电话、微信联系订房，人工记录和微信转账。部分民宿客找与国际接轨，对互联网应用相对较广，有了官方网站和微信公众号，与民宿、旅游、设计相关的公众号进行推广宣传。有官方组织将他们联系起来进行营理和推广，建立起民宿旅游网站，对其进行分类和管理，游客可以很方便地在这些网站上找到民宿的简介、网站和联系方式，发展中需要旅游管理部门牵头来发挥指导和组织作用，设置餐饮、图书室、茶室等公共活动空间，结合乡村特色提供个性化旅游路线定制和活动内容等，规模条件允许的民宿可与其他机构联合举办各种特色课程和夏令营等活动，带给住客不同于城市生活的新鲜体验感，提升住客黏度。同时，不同的地域文化也会影响民宿客栈的个性，民居建筑格局与活动，都是当地乡土性和家庭性的集中体现，民宿客栈应在设计过程中将原有家庭活动空间加以延续和强化，或开辟新的现代交往空间以再现传统精神。另外，经营者不同个人性格使得服务特色有所不同，如粗放、细婉、热情等，带给人们以不同的服务感受。

## （二）乡村建筑景观生态资源升级保护与合理开发原则

1. 保护性原则

传统民居是珍贵的物质文化遗产，不仅是当地居民的记忆，也是传统文化的传承与延续，在旅游开发过程中必须坚持升级保护与合理开发。在保持传统的风貌和格局的前提下改造与提升民居的内在条件和设施，满足旅游度假的需求。主要体现在对建筑群体及场地和民居单体保护两方面。对建筑组群、及场地改造的民居，应对当地文化和周围村民的尊重和谨慎，对建筑与场地进行梳理，不影响与周围环境的协调。若场地中有历史景观或古树名木等，更要注重保护。平面布局上注重宅与宅之间空地的利用，以及公共空间的营造，给住客提供能够交流活动的场所。对于外部来说，住客的活动范围不一定仅限于民宿客栈的建筑群体内部，要扩展到村落的公共空间，如祠堂前、村口、池塘边等。民宿客栈要采取一定的手段，设置指示牌、与民宿环境相呼应的元素，结合传统的集聚空间建立起一定的空间次序，从进村起便一步步给游客带来心理暗示，才能呈现出好的效果。但涉及到外部空间时，应处理好与传统村落环境和村民间的关系，以不破坏原有格局和肌理为原则来融入。在改造和后期运营过程中，还会不可避免地出现施工材料运输、建筑垃圾处理、生活污染排放的问题，要注意进行妥善处理，不能产生破坏。对民居建筑本身，应力求遵循朴实、自然、简单的原则。对保存较好的建筑，进行适当的翻新和加固；对损毁较为严重的，可采用传统的施工技术和材料进行修缮或重建，适当采用新的建筑形式形成对比，但应以低调的姿态介入，与原有建筑格局和风貌保持协调。材料的使用上，主体部分应使用传统材料，现代材料的引入应注意对比和呼应，如素混凝土、木格栅、黑色或木色钢结构等，都不应使用与传统风貌冲突的现代材料，如瓷砖、彩钢板、不锈钢等。在家具和装饰的选取上，应采用与传统风貌协调、有地域特色的，不应选取粗制滥造、风格不符的，或过度进行风格杂糅与混搭。只有进行了全方位的、得当的保护，民居的历史文化特色才能更好地以现代的方式展示并传承。

村落环改

建筑修复

2. 因地制宜原则

种类繁多的民居，不同地域、不同民族的不同时期有着不同形式和造型，对它们进行改造的模式也不能一概而论，应因地制宜选择适当的改造模式。每座民居都有自己的文化和地域特点，改造中应做前期工作，尊重民居历史和特征性格，保留当地原有乡村背景特色，充分了解当地传统施工工艺和技法，不能盲目想当然地开展改造，如果将客家民居都按照徽派民居来改造，只能千篇一律；如果风格杂乱也会不伦不类。对于群体的民居而言，常见的改造模式是选择其中的一栋或两栋改造成民宿的公共活动场所，如餐厅、书吧、茶室等，如有需要可以加建，其他的民居改造成客房，还可根据每栋民居的规模和特点的不同来设计成不同的客房，联排的民居厢房改造成单间客房，较大的独栋民居改造成别墅。对于合院式的民居，通常把原有的堂屋改造成大堂和公共空间，有时会在堂屋上方增加二层空间作为小过厅和起居厅，天井、庭院改造成公共活动空间，厢房改造成酒店的客房，通常增加楼板改造成两层客房，对独栋干栏式民居，通常会将首层空间改造成大堂和公共空间，二层三层以上改造成客房，可附加一些休闲空间。

3. 个性化原则

民宿客栈是非标住宿，每家根据自己的特色，在设计中可给每个房间赋予不同的主题，带给客人不同的特色空间，上升到一个整体的设计理念，将民宿客栈经营者个性与品味展现出来，实现自身的价值，一种是地域传统的现代演绎，另一种是外来风格的特色混搭，从室外的休闲活动空间，到室内的门厅、餐饮、卧室空间，从建筑的造型与材料，到室内的装修与色彩搭配，都是能体现民宿客栈的个性与情怀的元素。除了空间上的个性化，在服务层面上，区别于星级酒店的标准化服务，民宿客栈也应开展自己独特的个性化服务。除提供最基本的住宿服务外，民宿客栈要有自己的文化生活。

现代农庄乡土庭院

中西结合风格的碉楼

## （三）民居民宿化的改造方式

1. 文化重构

民宿客栈存在的基础是传统文化，传统文化一般是依托于传统村落而存在的，从聚落到群体，从群体到单体，中国的传统文化中蕴涵着其独特的空间序列。传统村落的尺度比起城市来说相对较小，给人提供了亲切、平易近人的感受，这种轻松、相互融合的人居环境，是城市里难以找到的；但这种较小的尺度也会对乡村的旅游接待能力造成限制，这也是在改造过程中需要考虑的问题。

2. 空间序列

民宿客栈在改造的过程中不能只考虑内部空间，同时也要考虑和外部环境的和谐共生，不仅要在内部进行空间重构，还需要根据现有的外部空间现状建立起连接聚落层面和建筑层面的空间序列。民宿客栈建筑属于一个组团，要考虑的是房屋与房屋间的空间围合

生态瓦屋

江南水乡

村庄街市

与相互连接关系，还有房屋与场地间界面对话关系；建筑单体，需要考虑的则是室内与室外空间的交流和过渡关系。在改造过程中，原有的空间边界可能会被打破，新的空间边界及内部序列出现，建筑与建筑之间会建立起新的联系。

3. 生态设计

生态建筑的绿色节能环保是以自然生态原则为依据，探索人、建筑、自然三者之间的关系，为人类塑造一个最为舒适合理且可持续发展的环境。生态建筑是21世纪建筑设计发展的方向。生态民居是生态建筑中的一种，也是面向人类居住最大量的一种建筑类型。

## 三、乡村民居建筑景观生态资源升级保护与合理开发方式

### （一）生态民居具有的基本特征

乡村民居建筑景观生态资源升级保护与合理开发方式是进行生态民居建设。生态民居环境资源首先要是洁净的空气、干净的水源与土壤，不遭受不良环境和自然灾害的侵害，基本特征如下：

1. 绿地的保持

建筑物要尽量保持和开辟绿地，在建筑物周边种植树木防风固沙、遮荫避暑，改善景观，保持生态平衡。重视室内空气环境质量，保持自然风的流动。重视人文历史景观的保护，建筑物附近有价值的历史文化古迹应予保留。

2. 能源的消耗程度

建筑物的资源、能源和其他消耗应至最低程度，尽量利用清洁能源，如地热与太阳

能、水能、潮汐能、生物质能和风能，保护与改善自然环境。另外在建造建筑物的过程中应充分利用当地的建材资源，避免生产过程中的能源损耗，在满足坚固、适用、经济、美观的前提下尽量降低消耗、节省资源。

3. 合理的规划及朝向布局

建筑物的形体布置合理，应具有较小的体形系数，以减少采暖与制冷能耗，建筑物的围护结构应该采用高效保温隔热构造，并具有良好的自然通风条件；建筑物内的房间布局恰当，既满足使用要求及舒适度，又能节省能源。

4. 资源的回收及重复利用

从旧有建筑物中拆除的建筑材料，如砖石、钢材、木料、板材和玻璃等，尽可能保护好，根据不同情况，力求回收利用，做到建筑材料—建筑—建筑材料—新建筑的良性循环。并积极利用其他工农业废弃物料，使用先进技术，降低建筑运行管理费用。在结构条件允许情况下尽量不要拆除旧建筑，应对其进行改造以适应新的使用功能，节省建筑造价。

### （二）生态民居设计主要原则

生态民居应该处理好人、建筑和自然三者之间的和谐关系，它既要为人创造一个舒适的空间小环境；又要保护好周围的自然环境和人文环境。同时对自然界的索取要少，对自然环境的负面影响要小。这主要指对自然资源的少耗费多利用（如节约土地，在能源和材料的选择上，贯彻减少使用、重复使用、循环使用以及用可再生资源替代不可生资源等原则）。又要减少排放和妥善处理有害废弃物（固体垃圾、污水、有害气体）以及减少光污染、声污染等。对小环境的保护则体现在从建筑物的建造、使用，直至寿命终结后的全过程，建筑设计的过程中应遵循以下几个原则：

（1）整体的生态建筑观。将生态技术、生态文化、生态环境（如自然与人工环境、社会环境）整合为一个共生、共融的体系，坚持以人为本，创建人与自然和谐共生的生态环境。建筑活动的主要目的是为人类生产、生活提供健康、无害、舒适的环境。我们在强调高效节能时不能以降低人的生活质量、牺牲人的健康和舒适性为代价，但也不能只强调人的健康和舒适，而不顾对自然环境和社会环境造成污染与破坏，这才是生态建筑的基本价值观。

（2）充分使用洁净能源，无污无废、高效和谐、良性循环、可持续发展的基本特征。建筑设计的过程中要优化工艺和采用适宜的技术、新材料、新产品，改变传统建筑产业的粗放、浪费污染型的生产工艺，实现清洁生产、工艺生态化。要尽可能提高自然资源和能源的利用效率，降低能源消耗。积极采用洁净能源（如太阳能、风能、地热能等），采用清洁的生产技术（如自然通风和通风道技术），减少废弃物，中水的利用。把提高资源、能源利用效率和保护生态环境两大课题结合起来，以最少的资源，最少的污染获取最高的经济效益和社会效益。

（3）坚持5R原则，即Revalue（再思考、再认识、再评价）、Renew（更新、改造）、Reuse（再利用、重复使用）、Reduce（减少）、Recycle（循环使用）。循环、有效利用资源与能源，废物再生利用，水循环使用，建材的循环使用，能源的多层次利用，使用高效率的设备和控制系统。扩大代用、再生利用材料资料，将开发利用可再生能源等有用的经验转化为标准、规范条文，以利推广利用。

（4）自然、社会、人文环境的协调发展。保护利用周边环境，尊重周边历史、设计与自然相结合。利用基地周边的自然条件，尽量保留原始地形地貌、植被、湿地和自然水系，保持绿地连续畅通，保持历史文化与景观的连续性，使建筑空间布局充满活力。并尽可能减少对自然环境的负面影响，如减少有害气体、废弃物的排放，减少对地球大气环境的破坏。

（5）整体优先，全寿命设计。建筑设计应该从整体出发，经济性应从全寿命周期通盘考虑。建材的使用应就近取用（不宜超过500km），通过科学合理的建筑规划设计、适宜的建筑技术和绿色建材的集成，延长建筑的使用寿命。

（6）智能化的运行机制。通过技术进步和转变经营管理方式，提高建筑工业化、现代化水平；提高建筑业的劳动生产率和科技贡献率；积极发展智能建筑，智能家居，提高设施管理效率和工作效率。对建筑的结构、系统、服务和管理等基本要素，以及它们之间的内在联系，进行最优化的组合，来提供一个投资合理、具有高效、舒适、安全、方便环境的建筑模式。它以各种科学技术为依托，如多媒体、多功能、电子信息技术的应用等。

（7）保护乡村生态资源开发利用，调控城乡气候。创建舒适健康、高效清洁、和谐优美的生态环境是城乡共同的生活追求。这要求设计及规划采取合理的城乡结构与绿地系统布局，考虑建筑通风与遮阳，控制污染，合理处理与建筑相关的垃圾及工业废弃物，广种当地植物绿化（节约水资源）改善城乡小气候，广铺可渗透性地砖、石子及综合材料，以利于雨水渗透和植物的自然生长。

土木结构不用空调

泮水人家自然凉爽

## （三）生态民居建筑设计的思考

民居建筑是一个地域特色的产物，南北方特色迥然不同，南方民居重视通风降温隔热，北方民居重视采暖保温防寒。民居总是扎根于具体的环境之中，受到所在地区的地理气候条件的影响，受具体地形条件及地形地貌的制约，这是造成民居建筑形式和风格不同的一个客观因素。设计师应从生态观的角度，顺应自然地形地貌的要求，与地段环境相融。自然环境是生态民居建筑的背景与组成因素，因此在民居的选址方位上要充分利用自然地理状况，依势而建。其实在建筑选址上，中国悠久的文化传统中，风水理论便有了体系阐述，它强调建筑所处环境的好坏对人的生活与行为产生积极或消极的影响，具体思考如下：

（1）加强民居建筑空间结构与材料的生态设计。对于民居建筑的空间结构与材料运用方面应尽量运用以下几种生态设计方法：①民居建筑空间设计中的精简化。我们可以运用多种设计手法与技术条件对材料及其它组成部件最大限度的利用，以减少物质与能量消耗。如在结构造型上以采用简约风格为主，从而减少复杂造型结构造成的材料物质消耗。另外建筑所用材料的本土化也减少了材料长途运输所带来的能量消耗，如目前国家规范对绿色建筑评价指标中建材的运输距离是有要求的。②民居中资源的再利用化。民居建筑空间中的装饰与结构部件应通过新技术、新材料的设计与运用实现其可拆卸、可替换、可重新组装，以此来延长结构使用寿命，如民居的隔墙可拆卸，以便创造出多种可变户型，以适应不同时期家庭成长的居住需求。③民居中流动空间的运用。底层架空和屋顶花园，就是为了增加绿化，融合自然。现代建筑技术与材料的进步，使我们可以通过设计与改造打开建筑传统的封闭围合面，使室内外通透一体化，也可以通过这些面的开合设计使空间产生灵活多变的组织形式。④新型生态环保型建材的使用。生态环保型材料由于生产的洁净化和产品的生态化使其生产和使用过程都不对环境产生危害，更新的旧材料也易于降解与转化并可作为再生资源加以利用。如现在已经有把外墙和太阳能一体化设计的墙体材料。在新型材料中，新型混凝土、活性材料、多功能材料、生态环境材料等都是节能建材发展的趋向。

（2）生态民居应具有地域特色。不同的地域具有不同的建筑特色。给人留下印象最深的往往是这个地方的风景和建筑特色。民居建筑的生态特色基本包括两方面：一是生态民居建筑要表现出它的生态性。21 世纪是生态建筑发展的时代，生态性体现着生态民居建筑的精神与发展。二是现代民居应体现其地域文化性，一个民族一个地区的人们长期生活习惯所决定的历史文化传统。我们应在地区传统中寻根，发掘有关文化基因与现代科技相结合，使现代生态民居建筑地域化，地域民居建筑现代化，使居者在精神上获得亲切感。生态民居建筑在注重其现代特征的同时也注重传统文化内涵的溶入，建筑空间的流通性、室内设计的灵活性与简约家具的实用性与装饰性等造型象征性都体现了生态建筑空间设计特色。

（3）民居生态设计是一项系统工程，它涉及选址及总体规划、单体设计、建材选用、构造节点、政策法规、当地文化特色等多个领域，需要集体通力协作才可能实现。生态民居建筑设计要在现代民居设计的基础上从更加宏观的环境与资源角度关注人类生活，它将民居与环境资源及人类活动更加紧密地融为一体，在注重空间使用效率的同时，融入生态技术和节能技术，充分提高资源的利用率，降低能源消耗，充分发挥环境和社会效益。

## 第二节　乡村庭院景观生态资源升级保护与合理开发方式

乡村庭院是乡村建筑外围场所，是乡村生产生活以及休闲的重要载体空间，富有乡土气息的乡村庭院能够展现乡村的闲情逸致，让人安闲自得。乡村庭院景观生态的设计，要体现乡村生产向生活的过渡，营造乡村休闲特色的生态景观。而乡村庭院景观生态的构成元素应来源于乡村生活，来源于自然，朴实无华，与当地地域特征密切相关，并蕴含一定文化意义和地方精神，展现地方乡愁。

乡村庭院景观不受地段限制，它们临山而建、临水而居，没有钢筋混泥土，更多的只有石块、竹子等，取材于自然，几乎零距离与自然亲密接触。休闲式乡村庭院设计，来自于民族自尊与文化认同，蕴含在本土民众无意识中的“有家有院落”，对每一个中国人而言，永远寓意深远，无可取代，坐在临水院落的躺椅上沏杯茶，享受难得的闲情雅趣。整体设计的概念为，朴而不素、华而不奢、雅而不俗，完整传达本土特有的清雅美学。闲时静守自然，与三五好友谈天说地，感悟生活的本真含义；倦时芭蕉听雨，逗弄锦鲤设计手法上可以运用白色大理石来表现更显精致简约。中国庭院讲究借景、藏露，变化无穷，及充满象征意味的山水、建筑、花草树木。植物、石材、木、砖、陶等乡土自然材料，通过造景手法处理可以营造出独一无二的观赏式乡土庭院景观。

休闲式庭院

观赏式庭院

## 一、乡村庭院生态设计功能分区

庭院做好功能分布，把一块土地通过不同需求划分出不同用途，就不会显得空落或杂乱，自然显得饱满。

### （一）入口区

院子入口是使用频率相对较高的地方，也是代表庭院特色的地方，展现着主人的个性，庭院入口风格影响内部的景象。

### （二）活动区

庭院路径是游客从门口进去后，首先要接触到的部分，铺上石板路、卵石路、造型简单，富有禅意，具有不错的效果。

### （三）休闲区

休闲娱乐区，可以根据住客的需要来安排，可以营造相对半围合的空间、喝茶、养鱼，或者是搭建一个廊架，种上藤蔓，乘凉休闲。

### （四）园艺区

有观赏性的园艺种植区，既可以劳动锻炼身体，又多一些绿色风景，还可以种菜种花产生一些经济效益，使院子层次丰富、乐趣无穷。

## 二、乡村庭院生态设计注意事项

庭院里有些位置不适宜种树，种树的数量也有很讲究。那么，庭院哪些位置不宜种树呢？

（1）庭院中央不宜植树：树太大会影响通风，没有新鲜空气流通，会导致屋内有害气体不能快速流通出去。但左右可以种大树。

（2）宅前不应有树倾斜：屋前有树倾斜，挡住了房子接受阳光，时间久了，树干还存在一定的安全隐患。

大庭院配大树背景

小庭院配小树背景

（3）宅前不宜有病树枯木：如果所有树木都枯萎的话，说明这块土壤环境存在问题，居住在这里也不合适，要是有枯树在门前，人的心理和视觉都会产生负面影响，因此宅前有病木枯树，应立刻清理。

（4）窗前不宜有树遮挡：树木不能太贴近窗户，一般离房屋2米以上，保持一定的距离。背后左右空旷的，则可以密植填补空隙，以挡风沙烈日。

下面给大家盘点70种常见的相克植物：

①榆树分泌物能使栎树发育不良；

②榆树根系到达的地方，葡萄生长发育严重受抑；

③丁香、薄荷、刺槐、月桂分泌芳香物质，影响相邻植物伸长生长；

④云杉、石松、银冷杉、核桃能影响和毒害周围很多植物；

⑤柏树挥发油中含有醚和三氧四烷，可使周围植物中毒呼吸减缓，生长停止；

⑥核桃落叶性炭疽病菌会引起大量果树落叶；

⑦核桃、胡桃的叶和根系分泌物使松树、苹果、桦、马铃薯、番茄受害或致死；

⑧桃树残根在土壤中腐败，直接杀死果树幼根，不宜与苹果、梨、山楂等混栽；

⑨刺槐对多种果树有较强抑制作用导致常年不结果；

⑩日本红松的针叶在雨雾淋溶下产生有害物质，使松树林旁不能种庄稼；

⑪成熟的苹果、香焦与含苞待放或正在开放的盆花、插花在一起会使花朵早谢；

⑫丁香、紫罗兰、郁金香和毋忘我草在一起会两败俱伤；

⑬丁香和水仙在一起，危及水仙生命；

⑭铃兰和丁香在一起，丁香萎蔫；

⑮铃兰和水仙在一起，两败俱伤；

⑯枳树与云杉不能间种；

⑰榆叶、栎树与白桦不能间种；

⑱栎树、白桦排挤松树；

⑲番茄附近的葡萄生长不好；

⑳洋槐能抑制多种杂草生长；

㉑云杉具有自毒作用，造成连作障碍；

百草园

㉒栎树冠层水淋溶物使下层灌木生长不良；

㉓薄荷属和艾属植物分泌物挥发油阻碍豆科植物幼苗生长；

㉔番茄根部的分泌物对各类蔬菜的种子和幼苗生长发育有抑制作用；

㉕黑松与野牛草不能混栽，会互相争夺地下水，造成松树生长不良；

㉖松和栎、栗不能混栽，会诱发油松栎柱锈病；

㉗桉树淋溶出绿原碱，林下几乎没有杂草生长；

㉘马尾松、黄山松、油松等不能与芍药科、玄参科、毛茛科、马鞭草科、龙眼科、凤仙花科、萝藦科、爵床科、旱金莲科等混栽，会诱发二针松苞锈病；

㉙红花、华山松、乔松等五针松不能和茶藨子、刺梨等混栽，会诱发苞锈病；

㉚油松和黄檗不能混栽，会诱发油松针叶锈病；

㉛云杉和稠李不能混栽，会诱发云杉稠李球果锈病；

㉜红皮云杉不能和兴安杜鹃混栽，会诱发红皮云杉叶锈病；

㉝云杉不能和杜鹃，喇叭茶混栽，会诱发云杉叶锈病；

㉞桧柏类不能和苹果、梨、山楂、山定子、贴梗海棠等混栽，会诱发苹桧锈病和梨桧锈病；

㉟青海云杉不能和青海杜鹃混栽，会诱发青海云杉叶锈病；

㊱落叶松和杨树不能混栽，会诱发青杨叶锈病；

㊲垂柳不能和紫堇混栽，会诱发垂柳和锈病；

㊳在苹果、梨区不能栽刺槐，因为刺槐是苹果、梨炭疽病菌体的越冬场所，同时又是根部紫纹羽病的中间寄主，还易招引苹果、梨、桃的蛴象；

㊴五色梅花叶有毒，误食后会腹泻、发烧；

㊵细叶结缕草与鸡矢藤混栽，会诱发细叶结缕草锈病；

㊶冷杉与云杉混栽，易发生冷杉异球蚜；

㊷落叶松与云杉混栽，易发生落叶松球蚜；

㊸杨树与果树邻近，易发生杨树溃疡，果树轮纹病；

㊹果树周围种泡桐，易引发果树根部紫纹羽病，叶片黄化干枯；

㊺杨树、苹果种植区周围种桑、构、栎、小叶朴，易导致桑天牛大发生；

㊻柑桔园和葡萄园周围不宜种榆树，榆树是星天牛和橘褐天牛的喜食树种；

㊼郁金香花朵含有一种毒素，接触过久会使人头昏脑胀、中毒，眉毛；

㊽马蹄莲花含生物碱，有毒，误食后会昏迷；

㊾夹竹桃花朵闻之过久易使人昏昏欲睡，智力下降，诱发呼吸道、消化系统疾病分泌的乳白色液体、接触过久易中毒；稀疏，毛发加快脱落；

㊿水仙花汁液可使皮肤发红，鳞茎含拉丁可毒素，食后会呕吐；

51月季花散发的香味，久闻会使人感到不适，憋气、呼吸困难；

52一品红全株有毒，白色汁液使皮肤红肿；

53马蹄莲花含生物碱，有毒，误食后会昏迷；

54红松和云杉混栽，易发生红松球蚜；

55虎刺梅乳汁有毒，使人不能入睡；

56珊树豆全株有毒，食其红果很危险；

57珊树豆全株有毒，食其红果很危险；

58虞美人全株有毒，果实毒性更大；

59虎刺梅乳汁有毒，使人不能入睡；

60凤仙花对鼻咽和食道疾病有促发作用；

草木葱荣

61南天竹含天竹碱，全株有毒，误食后会腹泻、发烧；

62南天竹含天竹碱，全株有毒，误食后会腹泻、发烧；

63含羞草有含羞草碱，接触过多会引起周身不适，头发变黄脱落，眉毛稀疏；

64万年青对皮肤有刺激性，误咬刺激口腔黏膜，引起咽喉水肿声带麻痹失音；

65天竺葵绒毛的分泌物与人接触会使有些人皮肤过敏，发生瘙痒；

66夜来香排出物使人精神兴奋难以静心入睡，还能让高血压和心脏病患者容易感到头晕目眩，郁闷不适，咳嗽，气喘，甚至使病情加重；

67五色梅花叶有毒，误食后会腹泻、发烧；

68百合花、兰花香味久闻后，易引起人的眩晕、失眠、咳嗽、气喘和瞬间迟钝；

69仙人掌和仙人球类，叶面上刺毒性，易引起皮肤发炎，红肿痛痒，痛苦难忍；

70五色梅、燕飞掌、龟背叶、虎刺、霸王鞭、文殊兰、银边翠、虞美人、石蒜、龙舌兰、凤信子等花粉或浆汁对人有毒，要远离人的接触距离种植。

## 三、乡村庭院生态资源合理开发利用

### （一）庭院生态资源开发利用的基本特征

乡村庭院生态资源开发利用是从微观角度以户为单位经营生态农业的最佳生产形式。以农户为独立的经济实体，用运生态经济学原理，通过生态工程设计，按照食物链、加工链的循环模式，将家庭种植业、养殖业和加工业有机结合，进行综合性商品生产，从而形成的小型集约型生态经济系统。亦是一个对庭院资源（指土地、独特的生态环境、农村剩余劳动力）合理开发利用，变消费土地为生产土地、使农村庭院变成多业并举的独特生态体系，是农业生态资源开发利用的一个重要组成部分。理论基础是充分利用植物的光合作用，不断提高太阳能转为生物能的效益，在转变过程中充分发挥微生物的作用，以加速能流和物流在生态资源开发利用中大的循环过程，不断提高系统的生产能力。庭院生态资源开发利用的环境因子，包括三个基本组成部分：所在地区的自然环境，人工建造环境和社会经济、人文环境。

（二）庭院生态资源开发利用的可行性

从庭院经济综合效益看，发展庭院经济至少具有以下意义：庭院经济规模小，投资省，经营灵活，效益高（曾庆炎）。据调查，1985 年桃源县农民从庭院经济中获取的收入占家庭经营总收入的 35%以上，有近 4 万户当年庭院经济收入超过千元。

## 第三节　乡村聚落景观生态资源升级保护与合理开发方式

### 一、乡村聚落的概念

乡村聚落（村落）是乡村居民的聚居地，由民居、庭院、街巷、广场（坪）等几个方面的空间形态物质要素构成的乡村总体布局，聚落是容纳人们居住、交往和游憩的多功能空间活动场所，同时也是人们进行家庭和院落生产劳动场所。每一个村落的发展都有自己的自然演化规律，均有各自的自然条件和历史背景，自成体系，形成各具特色的民居布局、道路交通和水体或者水系网络，例如，安徽黄山脚下形同扬帆远航巨轮的西递村、形似水牛的宏村。我国的村落分为集聚型、散漫型（即点状村落）及特殊型的表现为帐篷、土楼和窑洞等聚落的空间形态、分布特点及民居布局构成了村落独有的村落园林景观生态资源，这种园林景观生态资源设计反映了村民们的居住方式，往往成为区别于其他村庄的显著标志。

水乡飞虹桥

古村落是在生态、物态、情态等多种要素共同作用下才形成的。生态要素是指影响村落与景观生态资源关系的要素，如风水、地貌、水文条件等；物态要素是指村落的民居物和构筑物体系，如牌楼、民居、宗祠、牌匾、绘画、雕刻等；情态要素指村落社会生活的各个方面，包括形成古村落的文化和思想内涵。以上三方面要素对古村落整体景观生态资源的形成非常重要，缺一不可，某一方面的破坏，可导致整个景观生态资源的破坏。以某一古老村寨或村寨的一处或几处特色遗迹、历史名胜来吸引休闲者，它的特点是天然性、唯一性、历史性、艺术性、震撼性。休闲者在这样的古村寨或景点休闲徜徉，会感叹大自然的鬼斧神工，会惊奇先辈们的伟大才智。

原始的乡村是在自然的基础上衍生而来的，人类在自然的基础上加以选择改造，利用自然山水、气候等形成合适的人居景观生态资源。乡村的自然山水、野草丛生的景观增添了乡村的乡土气息。郁郁葱葱的大山，绿油油的农田，整齐的防护林形成了优美的乡村天际线。乡村以山水为框架，随着季节的更替变化展现出多样的特点，以乡村生态为基底给人恬适、轻松的景象。而村落是传递文明的载体，传承乡村文明，发扬乡村文明是村庄的基本属性。自然景观生态资源是构成村落的物质因素，历史文明是构成村落的非物质因素。在大力发展乡村建设的同时，要着力把握好对这两点的要求，突出其对乡村空间发展的作用。

现代泮水乡村

传统泮水乡村

## 二、乡村聚落景观生态资源升级保护与合理开发方式

### （一）古村落保护概念

古村落是我国独有的极具魅力的历史文化遗产，它记录了我国不同时期、不同地域、不同社会发展形态下的民居风貌、传统民俗以及原始空间形态。是人类“传统文化的明珠”和“民间收藏的国宝”。称之为古村落必须满足以下四个条件：一要有比较悠久的历史，而且这段历史还被记忆保留在这个村庄里面；二要有丰富的历史文化遗存，这个遗存包括物质的，还包括非物质的；三要基本保留原来村庄的体系；四要有鲜明的地方特色。村落景观生态资源是乡村文化的核心，也是乡村地理学的研究热点。1990 年以前，我国乡村聚落研究以位置、形态、功能、布局、演变、规划 6 方面为主；1990 年以后在空间结构、分布规律、特征、扩散等保护与开发方面的研究得到了加强。

村落传统形态格局并非一朝形成的，它是村落用地规划、功能架构、历史意境等相互影响相互作用的情况下形成的复合体，具有很大的优越性和合理性，只有综合了村落景观生态资源空间结构、功能要求、意境塑造的村落景观生态资源系统层面的景观生态资源格局才是可持续的景观生态资源格局，才能完整的再现历史文明，通过对风景区村落人文自然资源的保护和利用，才能振兴村落旅游经济，在保持原有历史脉络的基础上得到发展。

### （二）村落发展的理念

村落最初与农业自然条件、开发历史密切相关，在其后的变化过程中，较多受到经济发展、国家政策、人类活动、城市发展等方面的影响。在对乡村聚落扩散的研究中发现，人口增长、收入增加、家庭规模变化、交通条件改善、农村地区工业化成为乡村聚落演变的重要推动力。随着可持续发展观念的渗透，村落景观生态资源的研究中融入了生态学思想，出现了生态村、村落生态资源开发利用、乡村人居景观生态资源等新概念。

**保存完好的黄山南屏**

### （三）村落景观生态资源

基于对景观生态资源不同层面的理解，对于村落景观生态资源的内涵也应该从各个角度来分析。首先，从地域范围上来看，它是有别于城市景观生态资源的，是以农民为活动主体的景观生态资源空间。其次，从景观生态资源构成角度来看，它是由聚居景观生态资源、经济景观生态资源、文化景观生态资源和自然景观生态资源构成的景观生态资源综合体。再次，从景观生态资源特征上来看，它是由自然景观生态资源和人文景观生态资源共同构成的，人为干扰强度相对城市景观生态资源较低，自然景观生态资源占主导地位。最后，也是区别于其他各类景观生态资源的关键所在，它是以农业生产为主的，具有独特的自然乡村生态特色和村落文化生活的景观生态资源。村落景观生态资源功能的内涵主要是指提供村落发展的生产、居住、游憩、交通等四大基本功能，在此基础上引发的外延功能主要是指整个村落的产业结构功能。

### （四）村落景观生态资源合理营造原则

1. 整体性

村落景观生态资源并不仅仅指其空间形态格局，还包含了村落景观生态资源空间的功能及其由此产生的景观生态资源意境。它们共同组成了传统村落景观生态资源空间，缺一不可，具有整体性。对传统村落景观生态资源空间的把握应当突出“整体思想”与“和合观念”。在村落空间形态中，注重聚落形态与自然空间的融合，“天人合一”的传统规划理念。在景观生态资源空间功能中，不仅满足传统审美需求，更满足了村民对于生活生产的需求；在村落景观生态资源意境的营造中，体现了人与自然和谐共生以自然山水之美诱发人的意境审美和生活愉悦，表达人的追求理想及生活情趣。从空间形态、功能布局及意境表达各个环节相扣，形成了“师法自然、天人合一”的传统村落景观生态资源格局，创造了真正宜人的生活景观生态资源。

2. 地域性

地域性景观生态资源是指在一个相对固定的时间范围和相对明确的地理边界的地域内，景观生态资源因为受其所在地域的自然条件和地域文化、历史背景、生活方式等因素的影响，而表现出来的有别于其他地域的景观生态资源特征。由此可见，地域性景观生态资源不仅反映了当地的文化特色，也是当地生产活动、景观生态资源形式在空间形态上的体现，它是在尊重当地的场所精神，充分挖掘本土文化的基础上才能形成的，凝聚着这块地域上的人的精神世界和情感生活，体现了当地地域特色、时代特征，有着旺盛的生命力。由于社会经济、历史文化、自然景观生态资源条件和民俗风情各不相同，我国传统村落的景观生态资源格局也呈现出特色鲜明，丰富多彩的多种类型。

3. 功能性

村落景观生态资源的功能定位应当是集乡土文化功能、生物生产功能、景观生态资源服务功能和文化承载功能等多种功能于一体的景观生态资源系统。村落景观生态资源不同于城市中的私家园林景观生态资源，它的创建并不是从纯审美角度出发的，而更多的是基于功能性考虑的。村落景观生态资源是一种“行使功能的景观生态资源”，是通过设计结合自然，由此保持自然平衡，其本质是一种返璞归真的生态美学。例如，一般皇家园林里的水景都是园主为了欣赏娱乐而造的，起到陶冶、怡情雅致的作用。而村落中的水景规划设计首先是从居民生产生活角度出发的，除了满足灌溉农田的首要需求之外，穿村而过的溪流更是村民日常洗刷的重要场所。园林景观生态资源空间为居民生活、休憩、交往而产生的开放式公共空间，在满足功能的首要前提下，又为村落增添了一份生活情趣和诗情画意。

4. 生态性

传统村落景观生态资源格局的产生，受着自然、地理等客观条件的约束，也有人文、历史、社会发展条件的影响。在“天人合一”的思想和人地风水观念的指导下，形成的“背山面水”、与自然和谐相融的空间形态，占有生物气候学优势，符合生态审美观念，体现了朴素的生态哲理。

山清水秀的衡阳灵官庙村民居

## （五）村落景观生态资源升级营造要点

### 1. 修复村落景观生态资源结构问题

在自然力的破坏和现代文明的冲击，旅游经济、社会经济发展的影响下，村落景观生态资源空间结构日益遭到了破坏，导致了村落景观生态资源格局的不稳定性。第一，构成村落景观生态资源结构的要素较为贫乏，并逐渐趋同化。例如，环太湖风景名胜区中的村落景观生态资源资源基本集中在太湖山水、吴越文化、古城、古镇、古园林等几个方面，区域资源品种差异却很小，导致同质竞争过于激烈，村落景观生态资源缺乏特色，相似度较高。第二，景观生态资源要素之间的联系在现代化建设的冲击下逐步走向断裂。如太湖景区人文景观生态资源有西南部的同里古镇区，以居住、商业、工业等用地为主。自然景观生态资源分布在景区东部，以水域和耕地为主，其中水域（包括同里湖、九里湖、洋湖）占据了景区面积的80%左右，另外还有少量自然村落分布于九里湖东侧，但是这些风景资源均未得到重视和利用，然而风景区内的主要游赏用地集中在古镇内部，造成了古镇内部承受的压力较大，游客大多只是半日游、一日游等短途旅行，景区的容量有待通过联合周边村落一起提升。

### 2. 增强村落景观生态资源空间结构功能

传统村落景观生态资源格局大多数都依山傍水，靠近水源。为了村民生产生活方便，在“天人合一”观念的指导下，既保护了生态平衡，又避免了水源及水景观生态资源造成的空间结构缺失。传统村落景观生态资源结构格局从生活生产功能、风水角度、自然生态意义角度及村落安全防御的角度等多方面都有着深厚的历史积累和现实价值。但是，长久以来在自然力的作用及人为影响压力下，传统村落的景观生态资源功能日渐衰弱，具体表现在：村落古桥、小巷、街道等基础设施承受不了随着村落发展而产生的严重交通压力而日久逐渐衰失了它结构功能；原本的水道河流也逐步丧失了通航功能等，使得水质质量也在逐渐下降。

3. 延续村落景观生态资源的文化意境

传统村落是文化的传承者，各村落具有不同的乡土景观生态资源风貌，共同体现了古人尊重自然、注重圆融和谐的生态可持续的景观生态资源观念。传统村落景观生态资源带给人们“世外桃源”的意境，它是现代都市人们所向往和追逐的清净、恬淡祥和的一种生活意境。但村落原本相对封闭的景观生态资源结构被打破了，原有的柔美意境也遭到了摧残。如新建设的高速公路、乡村大道、时尚居民房屋取代了传统村落的乡土景观生态资源。旅游业发展也给村落生长状况带来了很大冲击，村落景观生态资源遭到了破坏与伪造，不断兴起的超市、旅馆、小吃摊贩也影响了传统乡村形象，部分传统村落在商业炒作下被包装的不伦不类，逐渐庸俗化。

慢生活

泮水居

## 三、村落景观生态资源养生功能保护与开发背景

随着我国城市化进程的加快、居民消费水平的提高以及环境污染问题、食品安全问题、人口结构老龄化与亚健康现象的日渐普遍，人们对健康养生的需求成为继温饱需求之后的又一市场主流趋势和时代发展热点。乡村生态养生集养生资源与旅游活动交叉渗透，实现融合，以一种新型的业态形式出现，满足了人们对身心健康的全方位需求，开始受到全球性关注。在分析乡村生态养生客源市场，国内外成功案例的基础上，总结了乡村生态养生开发过程中应注意的问题。

### （一）国家政策支持

国家旅游局等五部门联合印发《关于促进健康旅游发展的指导意见》，指出要依托各地自然、人文、生态、区位等特色资源和重要旅游目的地，以医疗机构、健康管理机构、康复护理机构和休闲疗养机构等为载体，重点开发高端医疗、特色专科、中医保健、康复疗养、医养结合等系列产品，打造健康旅游产业链。这就要把健康服务业从在城市里的医疗机构、疗养院，搬到旅游目的地或者生态保护良好的地区，以此来满足人们的越来越多的个性化、多层次的健康服务和旅游需求。同时，中共中央、国务院印发《“健康中国2030”规划纲要》定下明确目标：到2020年，健康服务业总规模超8万亿，到2030年达16万亿。到2016年，我国大健康产业规模达3万亿元，到2020年，健康服务业总规模超8万亿，但是包括养生旅游在内的一些细分领域还是一片蓝海，随着技术的进步以及消费升级，将焕发新生。据统计，养生旅游占旅游交易总规模的1%左右，2016年中国旅游市场总交易规模为46900亿元，养生旅游的交易规模约为600亿元。根据数据预测，现阶段，养生旅游市场拥有良好的市场环境，发展空间巨大。未来5年，养生旅游的市场规模将呈快速增长态势，年复合增长率有望达到20%。2020年市场规模将在1000亿元左右。养生旅游作为大健康产业和旅游产业的复合型产业，将会是下一个投资关注点。

2017年，中央1号文件指出：充分发挥乡村各类物质与非物质资源富集的独特优势，利用“旅游+”“生态+”“互联网+”等模式，推进农业、林业与旅游、教育、文化、康养等产业深度融合。丰富乡村旅游业态和产品，打造各类主题乡村旅游目的地和精品线路，发展富有乡村特色的民宿和养生养老基地。

### （二）发展休闲养生农业的相关土地政策

（1）休闲农业用地使用范围：①农民自有民居、闲置宅基地。②农村集体建设用地。③城乡建设用地增减挂钩。④四荒地。⑤其他方式。《国务院办公厅关于推进农村一二三产业融合发展的指导意见》（国办发〔2015〕93号）提出，对社会资本投资建设连片面积达到一定规模的高标准农田、生态公益林等，允许在符合土地管理法律法规和土地利用总体规划、依法办理建设用地审批手续、坚持节约集约用地的前提下，利用一定比例的土地开展观光和休闲度假旅游、加工流通等经营活动。关闭矿区的地面遗留的原有建设用地，可直接转为旅游设施建设用地；矿区已经占有的尾矿池、弃石堆场或其它弃用地可在恢复生态的同时，按一定比例（如10%~20%）转为旅游设施用地，其余为工矿遗址景观用地。生态涵养区村落搬迁出的宅基地、新农村建设农户上楼遗留的宅基地，可因地制宜转为旅游设施建设用地。在大面积的森林（超过10hm$^2$）绿地作为生态旅游资源时，允许有3%~5%用地转为旅游设施用地。

（2）休闲农业用地限制范围：①不得超越土地利用规划。②不得占用基本农田。③严禁随意扩大设施农用地范围。④不得超越土地利用规划。

（3）创新休闲农业用地方式：①土地租赁、置换或入股联营。②使用废弃宅基地或园地。③以土地股份为基础建立合作社。④“土地银行”。

## 四、乡村生态养生的内涵和定义

乡村生态养生，指的是以乡村优良的生态环境为生活空间，以适当的农作、农事、农活为生活内容，以农业生产和农村经济发展为目标，回归自然、享受生命、修身养性、度假休闲、健康身体、治疗疾病、颐养天年的一种生活方式。

### （一）乡村生态养生要以乡村文化环境为基础

乡村生态养生开发要意识到乡村生态养生资源的重要性。要想实现乡村生态养生目标，就必须让游客体验生态农作资源建设的乐趣，享受乡村的慢生活，感受养生文化，感受农活。要积极依靠这些文化奇趣的旅游手段，让人们在农作、农事、文化生活中体验到乡村生态养生的意义所在，而不是单纯的在庭院里种些蔬菜就叫乡村生态养生。所以乡村生态养生项目的规划与开发，首先要保证高品质的乡村生态资源空间质量的提高，通过自然的农业文化体验项目，最终达到“养生”的目的。

### （二）乡村生态养生要以“乡村”为载体

乡村旅游空间广义上可以分为乡村生态、村庄和自然。在乡村生态养生之中，要注重三者的有机结合，以乡村生态为主，以村庄为次，以自然为补充，以“乡村生态的村庄化和村庄的生态化”，来发挥乡村生态的空间载体作用，将村庄和生态融合成一个整体，而不是单纯的在野外盖上房屋就叫生态乡村了。如法国庄园养生慢生活、链条式开发模式是以农业作为依托，逐渐向旅游、文化、商业等多领域渗透，打造相关产业链。由此衍生的养生地产则是以休闲种植业为依托，在经营休闲种植业项目的同时，引入房地产的经营思维，从产品规划、景区服务、营销推广等方面进行地产化运作，从而更好地发挥庄园优势，更加深入的挖掘庄园养生产品的市场潜力。

### （三）乡村生态养生以“康体养生”为目的

乡村生态养生归根结底还是要康体养生，就是要做到所有的空间设计、体验定位都是为了康体养生这一大方向而开展的。康体养生才是最终目的，是让自己在身体上回归、享受生命的美好，在心灵上养性、感受自然的舒适，在休闲度假中，让自然环境治疗疾病，健康身体、最终达到颐养天年才是真正的目的。不是单纯的追求农村经济发展，一天耕种十亩地，那不叫养生，那叫种的“黑莓牧场”，2009 年全球 500 最佳旅游+休闲度假区之一，被美国列为旅游休闲的目标。明确分区，商业、住宿、休闲、康养各个区域承担着不同的疗养旅游度假服务功能，经营范围多样，综合盈利能力强劲。

宁乡关山度假村

## 五、乡村生态养生的客群分析

### （一）特高消费市场

偏好时尚健康旅游方式，热爱生态旅游和高端运动；注重文化消费和精神享受；追求相对私密环境和带有社交性质的聚会式场所；商旅服务配套要求较高。

### （二）较高消费市场

消费能力强，质量要求高；受季节约束小；停留时间较长，其产业拉动力远高于大众旅游。

### （三）中小学生市场

该市场主体需求为求知加游乐。中小学生正处于学习认知的初级阶段，农业旅游对他们来说是一个认识农业、了解大自然的途径。针对这一市场，休闲养生农业应提供科普教育相关旅游产品，寓教于乐。

### （四）工薪白领市场

该市场主要为久居城市、寻找身心放松的人群。休闲养生农业旅途可以提供农业生产、农事体验、节事参与等旅游产品，使游客在体验乡村慢生活的同时，放松身心。

### （五）“银发族”市场

该市场群体为老年人，他们渴望安静的生活、健康简单的食物、休闲的环境，通过休闲养生农业旅游，他们可以体验耕作、收获快乐。

当下，随着物质生活水平的提高，人们对“健康、愉快、长寿”的欲望越来越强烈，单纯的养生已难以满足人们对高品质生活的追求，融合时下发展迅猛的休闲旅游，养生旅游迎来重大发展机遇。同时，进入 21 世纪，中国步入老龄化社会，中国现有老龄人口已超过 2 亿，每年以近 800 万的速度增加。到 2050 年，中国老龄人口将达到总人口三分之一，而老龄人口更倾向于乡村生态养生旅游。

## 六、发展乡村生态养生需要注意的几点问题

第一，要解决思想观念问题。乡村生态休闲养生产业涉及方方面面，做成熟需要很多年，需要保持政策的连续性。发展休闲康养产业鼓励老年人异地养老，让老人到气候适宜、生活条件优越的地方去养老也是“孝”的体现。第二，要加大政策扶持力度，吸引社

安吉目莲坞休闲村入口

会资本参与。国家出台了一系列政策鼓励康养产业发展，各地应该积极做好配套，合力促进康养产业发展。在发展康养产业时，政府的扶持力度在很大程度上决定了社会资本投入的积极性，政府的直接投入毕竟有限，引入社会资本是必需的。第三，要培养专业人才队伍。当前康养产业急需的专业人才匮乏，直接制约了康养产业的发展壮大。人才是康养事业发展十分重要的条件，应重视康养人才队伍建设、建立完善康养职业教育体系、提高康养职业人才培养质量。

# 第七章

# 乡村土产景观生态资源升级保护与合理开发方式

从一号文件到两会精神，都可以看出国家对三农的关注，和农村归乡创业者们的支持！可见以后三农都是很有前景与价值提升的领域。其中特色种植、养殖，生态农产品加工比较有前途，要想把您的土特产生态资源与“互联网+”联系起来，那就要看您的土产够不够独特？能不能给消费者带来实惠？真金不怕火炼，是否能经得住时间的验证，与在消费者心中的地位很重要，说到底还是都需要有过硬的产品及服务。通过乡村土产景观生态资源从文化的视角发掘展现一方水土的民俗、风物和各类民间文化样式，展示民间艺人的绝活绝技以及他们鲜为人知的艺术人生，呈现一个地区的人文品格，打造一个地区的文化名片，为宣传当地的软实力、人文环境和文化发展、塑造地区良好形象做贡献。

## 第一节　乡村集贸景观生态资源升级保护与合理开发方式

### 一、乡村集贸市场的保护与开发现状

传统乡村集贸市场是指由乡村个体经营者集中进行自产自销乡土农副产品以及日用消费品等交易的相对固定的场所。主要以个体经营为主、多种经济成份参与其中的各类专业性、综合性市场，以及以个体工商户为主的租赁商场和各种定期不定期的民间物资交流会等。主要集中在乡镇农贸市场，也包括乡镇以下的广大农村地区的某一个村落里进行物资交流会。现代乡村集贸市场一部分向“互联网+”发展。

改革开放以来乡村集贸市场的发展应当说发生了巨大的变化，规模、层次都有不同的扩大和提高。这种变化是随着农村形势的发展，农民基本需求的不断提高及农村产业结构的转变而发生的。现在，随着国家对农村的高度重视，加大了对农村的投入，乡村集贸市场也开始出现新的发展机遇，各地把培育和发展集贸市场作为一项经济发展的主要方式和手段来抓，建立了一批布局合理，层次多样，各具特色的乡村集贸市场，在促进市场经济的发展，繁荣地方经济中起到了无可替代的作用。在发展的过程中，给工商部门的监督管理带来了新的问题和难点。因此，针对乡村集贸市场存在的问题，必须加强乡村集贸市场监管。

## 二、乡村集贸市场景观生态资源升级保护与合理开发方式

景观生态资源已经不再仅限于直接交易的现场活动情景，而已经升级到了网上乡村农贸集市电商交易。具体可以利用现在比较热门的社交工具媒体资源，如微博，博客，一亩地 APP 应用等，还可以通过一些自媒体平台来宣传、推广农副特产。这些平台具有流量大，用户稳定的特点。如今日头条、百家号、企鹅等。但单一的做特产平台难以和现在市场的在位者形成竞争。天猫，淘宝，京东家乡特产馆和特产系统已经对消费者形成了一个购物习惯。如何将题主平台上的产品做出特色让消费者为其买单可能更为重要。可以联合互联网运营公司，视频公司将农产品从田间到配送的每一个环节，视频化管理来提高其产品说服力。

乡村互联网电商市场的管理。什么人在做农村互联网创业呢？大致有两类人在做乡村互联网：一类是植根于农村的人，有当地的村长，有返乡后有想法的年轻人，这类人确实很懂农村，但大多不具备把业务规模化的能力，也比较难搭建一个很强的团队；第二类人是互联网公司出来的，大多数是三线互联网公司出来的，忽然发现农村这样一个机会，开始用一些较互联网的方式去切入，但缺点是不够接地气，最严重的是做产品前没去农村考察过，凭着感觉先做了一个产品，进村推广时会被现状吓出一身汗，因为他发现他的用户是一群四五十岁的农民，打字都不一定会。总体来说，真正的主力军还没介入。未来会有大量的创业者闯入农村互联网，也会有大量的 BAT 的中层高管跳进来混战。

对于“互联网+”农村社会治理进行的探索，是运用互联网技术和互联网思维，破解新形势下农村社会治理难题的有益实践。这启示我们，在推进“互联网+”农村社会治理过程中，要注重做到四个坚持：一是基础先行。只有建设好农村信息化“高速路”，相关涉农信息平台系统及终端才能“高速运行”。二是因地制宜。探索“不离开农村，不脱离农业”的创业之路，是农村社会治理及县域经济发展理念上的创新与突破。三是协同服务。“互联网+”为政府各部门之间、政府与市场主体之间实现信息交互、数据共享、机制协同构建了一条虚拟之路，为突破传统农村社会治理方式提供了一个新的可能。四是以人为本。“互联网+”农村社会治理的所有实践都必须以为民便民富民为核心。

# 第二节　乡村物品景观生态资源升级保护与合理开发方式

## 一、乡土食品景观生态资源升级保护与合理开发

食品全产业链保护与开发设计是一个营销推广体系设计，由研发技术系统、生产者、营销运营管理系统、投资方组成，充分发掘营销与生产、营销与研发、营销与运营管理间的关系，合理安排产业链，构建食品迅速发展的营销推广体系。同时，通过食品的电商推广、全球统一的加盟推送体系确立和物流系统的打造，实现营销产业的终端消费推广。在

产业规模和营销规模的选择上，提供了多种营销模式，详细安排销售额、利润分配和实现的前提条件。如乡村传统古法制酱技艺和民间烹饪厨艺及食品的销售等。

古法制酱过程示意图

苏州市非物质文化遗产——梅李木桶古法酱油

**“重庆乡愁博物馆”**

将巴渝乡村风貌、农耕文化、民俗风情、文史遗产、产业结构、居民生活等内容巧妙结合，突出“农、文、旅、商”等多态融合，凝聚起乡村振兴的文化力量，将成为渝北的又一文化地标。

**湖南宁乡花猪**

——中国四大名猪基地之一，已受到充分的保护与开发，形成了大规模养殖与一系列加工产品，为广大贫困地区精准脱贫和乡村振兴战略做出了重大贡献。

## 二、乡土用品景观生态资源升级保护与合理开发

乡村用品包括节日喜庆的装饰用品，家庭生活用品等，是传统乡村的代表。如竹制品既是生态产品的代表，也是人文社会需要，是可以发扬光大的可再生资源。

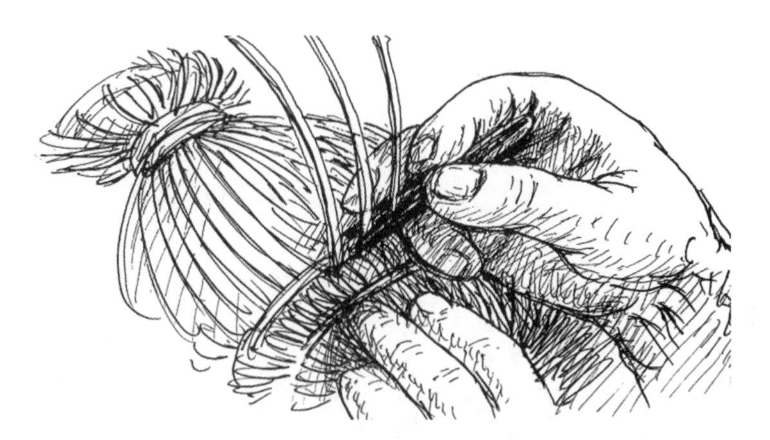

手工艺编织

手工织锦艺人

手工艺品保护与开发

## 第三节 乡村服饰景观生态资源升级保护与合理开发方式

乡村服饰包括中国各民族乡村服装和饰品，一直以来得到了充分的保护与开发，以其浓厚的乡土气息在国内外文化交流和商品流通上，均取得了举世瞩目的成绩。

手工艺品保护与开发

# 第八章

# 乡村文化景观生态资源升级保护与合理开发方式

乡村在传承和发展地域文化生态资源上，一直发挥着重要的作用，比如当地体育文化，饮食文化、民俗文化，集中体现在各种节日庆典活动之中。乡村文化建设，并不缺乏基础，重要的是如何传承和发展。乡村文体建设，要适时引导和推动新的文体内容与形式的发展，不断提高乡村人文精神生活品质和村民身心健康素养。古老习俗、传统手艺、群体娱乐活动，无论多么平常，都有保护与开发的潜在价值。

## 第一节　乡村文体景观生态资源升级保护与合理开发的现状

当前，乡村文体娱乐活动的发展举步维艰。村民在休闲时间里无聊，赌博、迷信等不良活动在逐渐蔓延，严重干扰了广大乡村的正常生产生活秩序。如何让广大村民体验文体娱乐活动的乐趣，来改变过去的观念，并积极参与到有益的文体活动中，共享经济发展成果，成为解决当前开展乡村文体娱乐活动问题的关键。

据调查，村民有较多的余暇时间资源没有得到合理开发与利用，大多浪费在了玩手机、看电视、玩棋牌、聊天，而且对度过余暇时间的方式还感到很满意；不参加群众文体活动的村民数量较多，占到调查人数的60%以上，影响村民参加文体活动的主观因素是对文体活动没有兴趣，怕人讥笑和认为身体好不需要活动，客观因素排在首位的是无文体设施，其次是无人组织；参加健康文体娱乐的村民为10%以下。锻炼场所是庭院里、马路边、小广场。参与文体活动的主要是老年人与青少年，其项目主要散步、慢跑、唱歌、跳舞、康乐球、乒乓球、台球、篮球、羽毛球、保龄球等，村民对乡村文体法规的认知程度较差，30%左右村民基本上打牌；村民对文体信息的拥有情况和政府的宣传有密切关系，政府部门没有较好进行文体知识的宣传和村民的文体需求的收集。村民在文体的价值观方面没有较好的认识；乡村社会文体组织现状堪忧，存在文体组织不健全和领导不重视的问题，这和日益高涨的村民文体热情很不相符；村民文体活动的经费来源以行政拨款为主，乡村文体竞赛开展状况不理想；村民的文体消费还处于初级阶段，以消费文体服装和文体器材为主，且文体的非物质消费男女存在明显差异；高收入村民比低收入村民有较好的业余文体生活方式，占文体认识、体育锻炼习惯的较高比例部分。

乡村娱乐活动落后简单

现行乡村开发文体活动的对策是：①加强文体管理，对村民身心健康和社会发展的文体事业的领导，统筹规划，发挥政府部门的宏观调控职能；②健全各县乡社会文体组织建设，形成政府管理、依托社会、全民参与、村民自治的社会化管理体制，做到管好文体、办好文体；③大力培养乡村社会文体骨干，建设一支庞大的高素质社会文体指导员队伍；④加快乡村文体场地设施建设，广开资金渠道，鼓励企事业单位、社会团体、个人资助文体健康身心活动，提倡家庭和个人为文体健身投资，形成一种政府拨款，社会筹集和个人投入相结合的多元化资金投入格局；⑤实施体质监测，提倡科学健身，加强监测工作人员培训，定期进行体质监测并发布监测信息，为政府和群众提供咨询服务；在节假日多举办一些具有地方村民特色的文体竞赛，除了一些群众喜闻乐见的文体项目外，还要举办一些诸如打铜锣、扭秧歌、打腰鼓，以及舞龙舞狮、踩高跷等具有地方特色的文体娱乐活动；⑥长期开展“文、体、卫三下乡”活动，充分利用文、体、卫学院和专业机构雄厚的师资力量和朝气蓬勃的学生群体，考虑“政府出资，院校出人”的模式，把乡村“文、体、卫三下乡”工作长期进行下去；⑦加强宣传工作，充分应用一切新闻媒体，形式新颖，群众喜闻乐见的文艺表演、活动，把健康科学的思想文化和健身方法送到广大群众中去，为建设社会主义新农村服务。

## 第二节　乡村饮食景观生态资源升级保护与合理开发方式

食物是人类赖以生存和发展的物质基础资源。如今乡村旅游的快速发展给乡村餐饮带来了巨大的发展契机，因此，乡村旅游餐饮景观生态资源产生了蓬勃发展的态势。但发展中，乡村餐饮也存在着诸多的问题，如餐饮资源开发产品单一、产品资源定位不准确、原料资源不生态、不正规、服务岗位人力资源不专业、消费定位过高等。针对这些问题，有些学者专家也展开了探讨，但学术界尚未对这些问题展开系统、深入的调查与研究。因此，乡村餐饮文化景观生态资源发展仍缺少强大的动力。

### 一、乡村饮食景观生态资源保护与合理开发的现状

乡村饮食文化历史悠久，经久不衰；内容丰富，异彩纷呈，享有盛誉。中华民族善于学习借鉴，在几千年的饮食实践中，一方面把儒、释、道、医等各家文化创造性地融入饮食文化，另方面广泛吸取世界各地饮食文化的特长，使中华饮食文化享誉世界。东南亚料

乡村节日大餐

理中有中华饮食文化的影子，很多西方人对中华菜肴也是情有独钟。中央电视频道播放了《舌尖上的中国》《味道中国》等节目都宣传了中国乡村饮食文化的魅力所在。同时我们的饮食文化也有着某些落后失意的地方。比如随处可见的合餐形式，这种行为习惯在乡村尤为突出，深深植根于人们的饮食生活中，容易传染诸多疾病。随着生活水平提高，购买和消费能力增强，人们愈发重视饮食的数量和排场，忽视了饮食的营养和文化。另外，在中国饮食文化中，还有种“强劝”现象，为了表示对客人、朋友的尊重，过度用餐，过度喝酒、抽烟、口味偏重，营养失衡，不仅造成大量浪费，同时对国民的健康也带来了影响。

## 二、乡村饮食景观生态资源升级保护与合理开发方式

中国乡村传统饮食文化生态资源中值得保护的特点：

1. 多样风味

中国乡村，地大物博，各地气候、物产、风俗习惯存在差异，饮食形成了许多风味。口味上“南米北面”“ 南甜北咸”“ 东酸西辣”。有齐鲁、巴蜀、淮扬、粤闽四大风味。

2. 有别四季

四季按时而吃，是中国烹饪一大特征。自古我国一直按季节变化来调味、配菜：冬春多炖焖煨味醇浓厚，夏秋清煮冷拌味淡凉爽。

3. 考究美感

烹饪不仅技术精湛，讲究菜肴美感，注意食物色、香、味、形、器协调性，菜肴美感

表现须色、香、味、形、美相和谐，给人以享受。

4. 表现情趣

烹饪表现品味情趣，是对饭菜点心的命名、品味的方式、进餐时的节奏、娱乐的穿插等都很有讲究。乡村菜肴的名称出神入化、雅俗共赏。名称既有根据主、辅、调料及烹调方法写实命名，也有根据历史掌故、神话传说、名人食趣、菜肴形象特征来命名，如龙凤呈祥、全家福、狮子头、将军桥、东坡肉、叫化鸡、蚂蚁爬树等。

5. 食医结合

乡村烹饪与医疗保健的联系，在几千年前就有“医食同源”和“药膳同功”的道理，利用食物的药用价值，做出各种美味佳肴，对某些疾病有防治作用。

乡村传统饮食文化中值得好好开发的部分有：乡村家常饮食。家常饮食是有蒸、熬、煮、酿、炸、煎、炒、焙、燠、炙、脯、鲊、腊、烧、冻、焐、酱十几类，而每一类下又有若干种加工方式。当下饮食不仅满足了不同阶层人士的饮食需要，还考虑到不同时间的饮食需要。因为家常饮食的对象主要是当地的来去匆匆，行止不定，随来随吃、携带方便的各种大众化小吃，极受欢迎。乡村老百姓日常家居所烹饪的肴馔，是中国饮食文化的渊源，多少豪宴盛馔，如追本溯源，皆源于乡村菜肴。乡村饮食首先是取材方便随意，或入山林采鲜菇嫩叶、捕飞禽走兽，或就河湖网鱼鳖蟹虾、捞莲子菱藕，或居家烹宰牛羊猪鸡鹅鸭，或下地择禾黍麦粱野菜地瓜，随见随取、随食随用。选材的方便随意，必然带来制作方法的简单易行，一般是因材施烹，煎炒蒸煮、烧烩拌泡、脯腊渍炖，皆因时因地。如北方的玉米，熟后可以磨成面粉、烙成饼、蒸成馍、压成面、熬成粥、糁成饭，也可以用整颗粒的炒了吃，也可以连棒煮食、烤食。乡村菜的日常食用性和各地口味的农家点心，朴实的魅力差异性，决定了乡村菜的味道以适口实惠、朴实无华为特点，任何菜肴，只要首先能够满足人生理的需要，就成为了“美味佳肴”。清代郑板桥在其家书中描绘了自己对日常饮食的感悟：天寒冰冻时，穷亲戚朋友到门，先泡一大碗炒米送手中，佐以酱姜一小碟，最是暖老温贫之具。暇日咽碎米饼，煮糊涂粥，双手捧碗，缩颈而啜之，霜晨雪早，得此周身俱暖。嗟乎！嗟呼！吾其长为农夫以没世乎！如此寒酸清苦的饮食，竟如此美妙，就是因为它能够满足人的基本需求。

中国每一个少数民族都有各自不同的饮食习俗和爱好，最终形成了独具特色、博大情深、源远流长的中华饮食文化，在世界上享有很高的声誉。现在国人讲吃，不再是一日三餐，解渴充饥，往往蕴含着中国人认识事物、理解事物的哲理，小孩子生下来，亲友要吃红蛋表示喜庆。“蛋”表示诞生，“吃蛋”寄寓着中国人传宗接代的厚望。孩子周岁时要“吃”，十八岁时要“吃”，结婚时要“吃”，到了六十大寿，更要觥筹交错地庆贺一番。这种“吃”，表面上看是一种生理满足，但实际上是借吃这种形式。中西交流中，中华饮食文化新的时代特色。十大碗八大盘的做法得到了改革，对色、香、味、型、营养的讲究随着时代进步与世界各国文化的碰撞，在博采众长的过程中得到完善和发展，保持了不衰的生命力。优秀传统文化特质，是中华饮食文化的基本内涵。对于中华饮食文化基本内涵的考察，不仅有助于饮食文化理论的深化，而且对中华饮食文化占据世界市场有着深远的积极意义。

中华饮食文化其深层内涵，可以概括为五个字：精、美、情、礼、德。反映了饮食活动过程中的品质与审美体验、情感活动、社会功能等所包含的独特文化意蕴，即饮食文化与中华优秀传统文化的密切联系。

精，概括了中华饮食文化的内在品质。孔子说："食不厌精，脍不厌细。"反映了先民对于饮食的精品意识。精品意识作为文化精神，贯彻在整个饮食活动过程中，选料、烹调、配伍乃至饮食环境，都体现着一个"精"字。

美，体现了饮食文化的审美特征。中华饮食之所以能够征服世界，重要原因之一，就在于它的美。美作为饮食文化的一个基本内涵，是中华饮食的魅力之所在，贯穿在饮食活动过程的每一个环节中。中华饮食活动形式与内容的完美统一，给人们所带来了审美愉悦和精神享受。

情，概括了中华饮食文化社会心理功能。吃吃喝喝，不能简单视之，它实际上是人与人之间情感交流的媒介，是一种别开生面的社交活动。一边吃饭，一边聊天，朋友离合，送往迎来，人们习惯于在饭桌上表达惜别或欢迎的心情，感情上的风波，人们也往往借酒菜平息。这是饮食活动对于社会心理的调节功能。还可以交流信息、做采访、做生意。过去的茶馆，大家坐下来喝茶、听书、摆龙门阵或者发泄对朝廷的不满，实在是一种极好的心理按摩。

礼，是指礼仪性的饮食活动秩序和规范。《礼记·礼运》中说："夫礼之初，始诸饮食。"坐席的方向、箸匙的排列、上菜的次序都体现了"礼"。"礼"，不仅是一种礼仪，而是一种内在的伦理精神，贯穿在饮食活动全过程，构成了中华饮食文明的逻辑起点。礼仪动作根据礼仪的两个基本价值规则和礼义而生而定。以上只是基本规范。礼仪动作可以有变化。各地文化、风俗、习惯不同，礼仪动作也有差异。有基本定式，又有不同变化。

德，中华饮食有"饮德食和"或者"食德饮和"，即饮食和做人道理相同：思念享受之物的由来，由此感恩戴德；恪守调和中庸的规制，讲究饮食、处世和谐。德食又指是吃饭时要有吃相，要有食德：和饮说的是饮酒要平和不要暴饮。就是劝人注意个人饮食养生之道。讲究食德饮和的思想和特点的饮食方式，对饮食活动中的文化，有引导和提升品位的作用。提倡健康优美、奋发向上的饮食文化情调和高尚情操，这是中华文明饮食讲究的传统文化道德。

精、美、情、礼、德，分别从不同的角度概括了中华饮食文化的基本内涵，这五个方面有机地构成了中华饮食文化这个整体概念。精与美讲食物的形象和品质；而情与礼讲食客的心态、风俗和社会功能；礼与德讲中华饮食文化的修身养性之道。这五个方面是相辅相成的。唯其"精"，才能有完整的"美"；唯其"美"才能激发"情"；唯有"情"，才能有适合时代风尚的"礼"；唯有"礼"，才能有体现修身养性的"德"。五者环环相生、完美统一，形成中华饮食文化的最高境界。我们只有准确的把握"精、美、情、礼、德"，才能深刻地理解中华饮食文化，更好地继承和弘扬中华饮食文化。

## 第三节　乡村风俗景观生态资源升级保护与合理开发方式

### 一、乡村风俗景观生态资源保护与合理开发的现状

乡风文明建设尽管整体上取得很大的进步，但是在乡村社会生活中根深蒂固的落后思

想仍然存在。所以在推进城乡一体化发展进程中，必须坚持把破除封建迷信和陈规陋习作为抓好农村精神文明建设的重要内容，以城乡文明一体化助推城乡一体化。继续组织专题调研，探讨农村陈规陋习和封建迷信现象的主要表现、产生原因和把握关系，为农村破除封建迷信、倡导移风易俗，提出对策建议。

### （一）主要存在的问题

（1）求神拜佛盲目跟风。在烧香活动中，存在着商业行为，尤其是在一些寺庙年初一烧头香的过程中，部分信众存在着不理性竞价。

（2）祝寿贺生大办宴请。祝寿贺生是大喜事，但是毕竟是一个人的事，一个家庭的事，可以低调开展活动的选择很多，老是送来送去，大吃大喝，并不是唯一的方式。

（3）婚丧喜庆相互攀比。部分乡村婚丧喜庆活动形成了不少潜规则，又有了抬头现象。丧事活动“一条龙”的服务班子，整个仪式有念佛、道场、放炮、乐队、烧库、锡箔、代哭等十多项内容，加上骨灰盒、寿衣、墓地、酒席、等费用，一般要5~8万元。一些经济条件较好的村民，用有失得当的方式来表达对长辈的孝心，在丧葬仪式上大讲排场，周围一些村民跟风效仿。管理比较薄弱，缺乏一套行之有效的政策措施加以规范。

### （二）把握好四个关系

（1）把握好宗教与迷信的关系。严格遵守宪法规定：公民有宗教信仰自由的权利，保护公民合法的宗教活动，依法开展宗教活动与封建迷信活动有着本质区别。对日常的烧香拜佛，教育引导，使村民理性拜佛，不搞铺张浪费，树立正确的宗教观。对一些披着宗教外衣，实际从事封建迷信并趁机敛财的行为，必须按照相关法律法规严格处理。

（2）把握好风俗与陋习的关系。保护深厚的传统文化积淀和特色风俗习惯，在做好农村民间风俗传承的同时，与时俱进，去其糟粕、取其精华，大力倡导文明节俭的民风民俗，狠刹婚丧喜庆中大讲排场、盲目攀比的不正之风，切实减轻乡村群众的经济负担。

（3）把握好需求与引导的关系。婚丧喜庆是每家每户的大事，包括正常的烧香拜佛，这个市场需求是客观存在的，宜疏不宜堵。我们要根据群众的实际需要，进行调控和疏导，引导信教群众在政府批准开放的宗教场所进行宗教活动，防止欺瞒哄骗、以次充好和坐地起价等扰乱市场的行为。

（4）把握好管理与教育的关系。针对当前农村的婚丧市场和封建迷信活动，有必要开展专项整治，规范市场秩序，狠刹歪风邪气。专项整治虽然力度大、见效快，但常态长效的宣教工作更为重要。要创新宣教方式方法，以农民群众喜闻乐见的文化艺术方式，开展润物无声的宣教工作，逐步提升农民群众的思想道德素养和科学文化素质，改善农村的社会风气。

## 二、乡村风俗景观生态资源升级保护与合理开发方式

### （一）乡村风俗景观生态资源升级保护与合理开发方法

（1）开展调查摸底。各区镇应对本地区丧葬行业和从业人员进行调查摸底。特别是社区（村）干部，要深入农村（社区）倾听村民心声，调查研究，掌握第一手资料。对全市的道观和寺院具体情况，尤其是涉及商业的行为，进行调查摸底。同时，对全市从事丧葬行业的经营户进行梳理，并对其中存在的问题进行调查。

（2）完善行业服务。加快制定行业规范，引导从业人员加强自律。对殡仪馆规范管理，杜绝在出殡、火葬、骨灰盒以及墓地出售过程中的私自抬价、随意定价。指导丧葬服务行业提供服务清单，使整个丧葬活动程序规范、内容简约、价格合理。同时，对婚丧行业提出政府指导价，完善价格体制，规范市场运作。

（3）加大政府扶持。一是兴建一批公益性项目。支持各区镇建立公益性骨灰堂（替代公墓）、停柩中心，树立健康文明的丧葬观念。二是使用资金扶持一批场馆。政府投入资金，在各区镇建设一批公益性场所，向居民低价开放，自购食材、邻里互助，办理红白喜事宴席，营造淳朴节俭的良好风尚。三是设立移风易俗类奖励。对于带头树立婚嫁节俭新风、自觉抵制丧葬迷信活动的家庭和个人，予以物质奖励，形成正面示范效应。

（4）进行规范治理。一是开展专项整治。对村干部、行业经营户以及从业人员进行集中培训，对不正当的行业竞争进行查处，对危害人身安全、伤风败俗、借机谋利的封建迷信活动，要坚决取缔，对正常的宗教活动进行规范管理。二是建立长效机制。在丧葬活动、宗教事务、殡葬行业、婚庆行业中，制定具体的管理措施，加强日常监管，并将其纳入到年度工作考核，形成一套行之有效的常态管理机制。三是做好试点工作。选取几个封建迷信和陈规陋习比较严重的村进行试点，通过耐心细致的工作，逐步转化村民思想，并在试点的基础上逐步扩展，以点带面。

### （二）乡村风俗景观生态资源升级保护与合理开发途径

（1）通过乡风文明建设达到明显成效。紧扣“美丽乡村”目标，不断推动培育文明乡风与打造美丽乡村同频共振。

一是坚持道德育民，弘扬社会文明新风尚。广泛开展道德模范、新人新事、身边好人等评选活动，每年组织最美兴化人等评选表彰，畅通村、镇、市三级“身边好人”推荐机制，挖掘本土美德善行、乡贤事迹，道德典型。加强农村道德讲堂、美德善行榜等阵地建设，广泛开展农村志愿服务活动，让广大农民群众在参与活动中受教育。

二是坚持以文化人，满足农民精神文化需求。持续加强农村公共文化设施建设，组织实施了“农家书屋”、图书“一卡通”等一系列文化惠民工程，今年又推出“文化惠民券”、加快乡镇文化中心建设举措。组织开展“三下乡”集中服务活动，举办新春舞龙大赛、龙舟大赛，丰富群众文化生活。

三是坚持以创促建，引领文明新风尚。围绕文明村镇创建目标，开展“最美乡村”“幸福农家”“星级文明户”等创建评选活动，深化了文明村镇创建内涵。突出现代农民教育、文化活动开展、实事项目联办三大任务，开展结对共建活动，推进城乡创建一体化。

（2）推进发展仍须努力。当前和今后一个时期，要牢牢把握培育和践行社会主义核心价值观这个根本任务，着力培育新型农民，加强农村环境综合治理，深化精神文明创建活动，加快构建公共文化服务体系，努力打造风尚之美、环境之美、人文之美。

一是推动核心价值观落地生根，努力使乡风民风美起来。坚持教育为先，用核心价值观引领乡风民风。围绕培育新型农民，深入浅出地开展中国特色社会主义、中国梦宣传教育，引导农民群众听党话跟党走。广泛开展实用技术、职业技能培训，提高农民创业本领和致富能力。围绕优良家风培育，深入开展“星级文明户”“文明家庭”创建活动，广泛开展弘扬“好家风好家训”活动，讲好家风故事，传播治家格言。围绕培育新乡贤文化，充分发挥镇村道德讲堂、美德善行榜等宣传阵地的作用，进一步挖掘本土美德善行、新乡贤事迹，依托村民议事会、道德评议会等群众组织，积极开展乡风评议活动，引导自我约束、自我管理、自我提高。

二是推动农村文化繁荣发展，努力使文化生活美起来。要坚持需求导向，整合党员教育、科学普及、体育健身等设施，做到综合利用、共建共享，加快农村文化服务设施阵地建设。要加大农村优质文化产品和服务供给，把“要文化”和“送文化”匹配起来，创作更多反映基层群众生活、乡土气息浓郁的作品。运用好文化下基层、文艺志愿服务平台载体，把更多优秀的电影、戏曲、图书、文艺演出送到农民中间。大力扶持民间文艺社团和业余文化队伍，充分调动农民自办文化的积极性。要加强民间文化的保护和发展，传承独特的风格样式，赋予新的文化内涵，使优秀民间文化活起来、传下去。

三是坚持统筹协调推进，增强农村精神文明建设活力。推进农村精神文明建设促进乡风文明，是一项长期重要而又复杂艰巨的综合性工程。要加强组织领导。必须坚持党委统一领导、党政群齐抓共管、文明委组织协调、有关部门各负其责、全社会积极参与的领导体制和工作机制。积极整合各部门在农村的资源，努力形成工作合力。要搞好规划安排。各乡镇和各部门明确农村精神文明建设的发展思路、主要目标、重点任务、重要举措，把农村精神文明建设与加快农村产业转型升级、发展现代农业和农村旅游、农民增收紧密结合起来，坚持项目化运作，切实做到与全市“十三五”规划相衔接相配套，实现农村精神文明与物质文明共同发展。要创新工作机制。不断健全精神文明建设的投入机制、考核激励机制和约束机制，以农民群众满意度来检验工作，为农村精神文明建设提供必要保障。

# 参考文献

[1] 刘沛林. 古村落：和谐的人聚空间 [M]. 上海：上海三联书店，1997.
[2] 钱迪飞. 乡村景观特色营造初探 [J]. 上海商业职业技术学院学报，2003 (04)：55-56.
[3] 陈燕. 循环经济在乡村旅游资源开发中的应用研究 [D]. 成都理工大学，2008.
[4] 王倩茹，李见恩. 新疆生态文明农业产业模式探析 [J]. 中国集体经济，2010 (36)：14-15.
[5] 沈庆宇. 在生态文明理念下创新森林资源监督体制的思考 [J]. 国家林业局管理干部学院学报，2017，16 (01)：19-23.
[6] 刘青松. 农村环境保护 [M]. 北京：中国环境科学出版社，2014.
[7] 都吉明，马广大. 大气污染控制工程 [M]. 北京：高等教育出版社，2015.
[8] 张乃明，段永蕙，毛昆明. 土壤环境保护 [M]. 北京：中国农业科学技术出版社，2016.
[9] 张乃明，常晓冰，秦太峰. 设施农业土壤特性与改良 [M]. 北京：化学工业出版社，2008.
[10] 张乃明. 环境污染与食品安全 [M]. 北京：化学工业出版社，2007.
[11] 张乃明. 农村环境保护知识读本 [M]. 北京：化学工业出版社，2016.
[12] 张克强，杨鹏，李野，等. 农村污水处理技术 [M]. 北京：中国农业科学技术出版社，2016.
[13] 孙铁珩，周启星，张凯松. 污水生态处理技术体系及应用 [J]. 水资源保护，2002，3：6-9.
[14] 尹军，崔玉波. 人工湿地污水处理技术 [M]. 北京：化学工业出版社. 2016.
[15] 韩润平，陆雍森，杨健. 复合床生态滤池处理城市污水中试研究 [J]. 环境科学学报，2014，24 (3)：450-454.
[16] 李军状，罗兴章，郑正，等. 蚯蚓生态滤池处理农村生活污水现场试验研究 [J]. 环境污染与防治，2015，30 (12)：11-16.
[17] 何小莲，李俊峰，何新林. 稳定塘污水处理技术的研究进展 [J]. 水资源与水工程学报，2016，18 (5)：75-77.
[18] 黄磊，邵超峰，孙宗晟，等. “美丽乡村”评价指标体系研究 [J]. 生态经济，2014 (1)：392-394.
[19] 张茜，韩乐然，赵英杰，等. “美丽乡村”建设所面临的生态景观问题及对策——对全国乡村生态景问卷调研结果的思考 [J]. 农业资源与环境学报. 第 32 卷. 第 2 期.
[20] 云南省人民政府关于继续推进天然林资源保护工程的意见 [J]. 云南林业，2011，32 (06)：32-35.
[21] 陈淑君. 乡村视觉景观及其规划研究 [D]. 浙江大学，2010.
[22] 李霞. 适宜山水景观的山地新农村聚落布局研究 [D]. 重庆大学，2013.
[23] 杨重一. 林业生态资源保护的有效措施探讨 [J]. 中国绿色画报，2018，(01).
[24] 董道义，窦德泉. 古树名木的保护与景观应用 [J]. 农业科技与信息（现代园林），2015，12 (01)：49-53.
[25] 董冬. 九华山风景区古树名木景观美学评价与保护价值评估 [D]. 华中农业大学，2011.
[26] 李福双，魏洪杰. 乡土树种在园林绿化中应用的探讨 [J]. 防护林科技，2006 (05)：80-81.
[27] 田斌. 乡土树种在城市园林绿化中的应用价值研究 [J]. 知识经济，2011 (02)：145.
[28] 华小平. 树木病虫害防治树干注射施药技术的应用 [J]. 农业开发与装备，2016 (10)：188.
[29] 田雨欣. 乡土农作物在城市局域景观中的应用与分析 [D]. 西北大学，2016.
[30] 付江峰，赵玉. 观赏果树在承德市美化环境中的应用 [J]. 北方园艺，2012 (19)：93-96.
[31] 王译锴. 湖南乡村农作物景观设计研究 [D]. 湖南农业大学，2014.
[32] 李喆. 新农村建设中的农作物景观设计研究 [J]. 海峡科技与产业，2018 (01)：107-109.

# 后 记

本书作为2019年湖南省自然科学教科基金科技创新计划项目课题（S2019JJKJLH0079）“湖南乡村生态宜居景观设计模式最优化应用研究”，编写组从策划、调研至编写经历了一年半的调查研究和编著工作，整理出了大量的图文资料，终于做出了课题研究的前期工作成果。这项成果是一本综合性、系统性、形象性较强的基础教程书，从基本概念解释到基础知识应用及具体案例介绍，我们紧扣主题，在内容上层层深入，在形式上渐渐浅出，是为了让初学者尽快理解和掌握这门知识的重点难点问题，以培育学生文字阅读能力和图片鉴赏能力，并进一步加深学生对各章节介绍的乡村景观形象与生态资源情况的观察分析、理解评判和联系实际的基本能力的培养，让每一位学习者深刻认识到乡村景观生态资源升级保护与合理开发的重要性和必要性；牢固树立起正确的乡村振兴战略和美丽乡村建设的世界观和价值观。在本书的编写过程中一方面得到了校领导屈中正、付美云、姜小文和出版社的精心指导，另一方面在编写组成员齐心协力克服了种种困难下，圆满完成了各个章节的编写任务。特别感谢邓华老师、陈海林老师，至始至终关心着整本书的资料采集、整理与修改的全过程，还要感谢参与各章节编写的老师有：第一章张硕勤、邓华、刘紫萱，第二章谢荣、刘作云，第三、四章陈乐胥、谢光圆，第五章林蛟、黄兵桥，第六章罗慧敏、洪琰，第七章宫灵娟、肖攀峰，第八章马玉兰、阙小伟，案例分析由陈璟、陈晶琪、肖丹、危学敏、赵富群、郭瓛、邓华、刘飞渡、毛颖编写，本书资料丰富、图文并茂、观点鲜明、深入浅出，部分文字图片来源于相关网站的作者，在此对所有资料贡献者，表示深深致敬！衷心感谢！同时对书中存在的任何纰漏，敬请指正！